农蕾 2 号（红果植株）

农蕾 23 号（红色果实）

农蕾 6 号（黄色牛角形果实）

1

农蕾 3 号（橙果植株）

农蕾 12 号（牛角形果实植株）

农蕾 13 号（羊角形果实植株）

农蕾 5 号（紫果植株）

农蕾 11 号

农蕾 1 号（黄果植株）

农蕾 4 号（白果植株）

京甜 2 号

京辣 5 号

4

蔬菜无公害生产技术丛书

SHUCAI WUGONGHAI SHENGCHAN JISHU CONGSHU

辣椒

无公害高效栽培

蒋健箴 王志源 编著

金盾出版社

内 容 提 要

本书介绍了辣椒无公害生产的概念和意义,辣椒生产中的污染途径及无公害生产基地的选择,辣椒的植物学特征和对环境条件的要求,优质、抗病和丰产品种的选择,无公害高效栽培技术,病虫害防治,采收、贮藏和运输等。内容丰富,科学性、实用性、可操作性强,文字通俗简练,适合广大菜农、基层单位农业科技人员和农业院校有关专业师生阅读参考。

图书在版编目(CIP)数据

辣椒无公害高效栽培/蒋健箴,王志源编著 . —北京:金盾出版社,2003.5(2016.1重印)
（蔬菜无公害生产技术丛书）
ISBN 978-7-5082-2376-6

Ⅰ.①辣… Ⅱ.①蒋…②王… Ⅲ.①辣椒—蔬菜园艺—无污染技术 Ⅳ.①S641.3

中国版本图书馆 CIP 数据核字(2003)第 023145 号

金盾出版社出版、总发行
北京太平路 5 号(地铁万寿路站往南)
邮政编码:100036 电话:68214039 83219215
传真:68276683 网址:www.jdcbs.cn
彩色印刷:北京精美彩印有限公司
黑白印刷:北京四环科技印刷厂
装订:北京四环科技印刷厂
各地新华书店经销
开本:850×1168 1/32 印张:5.375 彩页:4 字数:129 千字
2016 年 1 月第 1 版第 8 次印刷
印数:59 001～62 000 册 定价:9.50 元

蔬菜无公害生产技术丛书编辑委员会

序言
XUYAN

民以食为天，食以安为先。生产安全食用蔬菜等农产品是广大消费者的迫切愿望。随着人们生活水平的提高，环保意识和保健意识的增强，无公害蔬菜的生产和流通备受世人关注。无公害蔬菜生产既是保护农业生态环境、保障食物安全、不断提高人民物质生活质量的需要，同时又是提高我国蔬菜产品在国际市场上的竞争力，提高我国农业经济效益，增加农民收入，实现农业可持续发展的迫切需要。可以说大力发展无公害蔬菜生产，是社会经济发展、科学技术进步、人民生活富裕到一定阶段的必然要求。

为了解决农产品的质量安全问题，农业部从2001年开始在全国范围内组织实施了"无公害食品行动计划"。要实现无公害蔬菜产品的生产，就需对生产及流通过程进行全程质量控制。在对蔬菜产品实现全程质量控制中，首要的是实现生产过程的无公害质量监控。在种植无公害蔬菜时要选择良好的环境条件，防止大气、土壤、水质的污染，在不断提高菜农的生态意识、环保意识、安全意识的同时，还应开展无公害蔬菜生产的综合技术集成和关键技术的推广应用。这样，才能达到生产无公害蔬菜产品的基本要求。

为达到上述目的，金盾出版社策划出版了"蔬菜无公害生产技术丛书"。组成了以刘宜生研究员、王志源教授为首的编委会，约请了中国农业科学院、中国农业大学等单位有关专家和学者，根据他们的专业特点，将"丛书"分为20个分册，分别撰写了33种主要蔬菜的无公害高效栽培技术。"丛书"比较全面系统地向蔬菜生产者、经营者和管理者介绍了当前各种蔬菜进行无公害生产的最新成果、技术和信息，提出了如何根据国家制定的《无公害蔬菜环境质量标准》、《无公害蔬菜生产技术规程》、《无公害蔬菜质量标准》进行生产的具体措施。其内容包括：选用优良抗性品种，推广优质高产栽培技术，科学平衡施肥，实施病虫害的综合无公害防治，以及采收、贮藏和运输环节的关键措施和无公害管理等。因此，这套"丛书"既具有科学性和先进性，又具有实用性和可操作性。

我相信本"丛书"的出版，将使广大菜农、蔬菜产业的行政管理人员及技术推广人员都能从中获得新的农业科技知识和信息，对无公害蔬菜生产技术水平的提高起到指导作用。同时，也会在推动农业结构调整、促进农村经济增长等方面发挥积极作用，为建设小康社会做出有益的贡献。

中国工程院院士　方智远
中国园艺学会副理事长

2003 年 4 月

前言
QIANYAN

　　辣椒属茄科,为茄果类蔬菜,是我国人民喜食的一种重要蔬菜,全国各地均有栽培。随着人们生活水平的提高,消费习惯的变化,人们不仅对辣椒的需求量日益增加,而且对辣椒的质量要求也越来越高。近年来,辣椒种植面积和年产量不断增长,栽培方式也多种多样,除常规露地栽培外,保护地栽培面积也在不断扩大。温室、塑料大棚、小棚、地膜覆盖等各种栽培方式,延长了辣椒的供应期,提高了经济效益。由于辣椒较耐贮运,近年来,广东、广西、海南、云南等地冬季大面积发展辣椒商品菜基地,于秋冬季节种植,运销北方地区,以满足全国各大城市冬季对辣椒的需求。但有的地区,由于选用品种不当、栽培管理粗放或病虫危害加重等多种原因,造成不同程度的减产。有的地方因缺乏科学管理,滥用化肥、农药,造成产品有害有毒物质残留超标。因此,选择适合当地的优良抗病品种,努力创造适合辣椒生长的各种环境条件,采用科学的栽培管理措施,推广无公害辣椒的种植方法,是取得辣椒优质高产的关键。

　　辣椒根据其辣味程度,可将其分为两大类:一类是带有辣味的辣椒;另一类是不带辣味的甜椒,也称为柿子椒。一般辣椒果实较小,多呈细长形或牛角、羊角形等;甜椒果实较大,多为灯笼形。辣椒之所以有辣味,是由于果实中含有一种辣椒素,辣椒素含量的多少决定该品种的辣味程度。大部分辣椒果实的颜色幼嫩果为绿色,成熟果为红色。近年来,育种专家还培育出了果实为黄、橙、白、紫等多种颜色的彩色甜椒。彩椒不仅色彩鲜艳美观,而且营养价值高,上市后深受消费者的欢迎。

同时,辣椒也是一种优良的经济作物,种植辣椒投资少,经济效益高,是帮助农民脱贫致富的一条门路。与其他经济作物相比,种植辣椒的优越性主要有以下几点:①辣椒适应性较广,我国南北各地均能种植。如种植辣味辣椒,适应性则更强。②种植辣椒投资相对较少,收效快,经济效益高。③辣椒可以连片种植,也可与果树、玉米、小麦等作物间、套种植。由于间套种作物间的相互作用,不仅使辣椒能获得增产,还充分利用了土地,增加了经济效益。④辣椒的栽培技术较易掌握,通过培训、实习或科技示范,很快就能掌握其种植要领。⑤通过种植辣椒,可以兴办以辣椒为原料的加工厂,如加工脱水辣椒、辣椒粉、辣椒酱等;通过深加工,如提取辣椒素、辣椒红素等,可获得比出售辣椒原料更高的经济效益。

全面推广无公害辣椒的种植技术,促使辣椒生产技术现代化,不但可以增加单位面积产量,而且可以减少防病、治虫的农药投入,使产品中没有超标有害有毒物质的残留,给人们提供营养、卫生、安全的食品,也为产品进入国际市场奠定了基础,创造了条件。种植无公害辣椒,是发展高效农业的组成部分,也是发展辣椒生产的必由之路。

目录 MULU

第一章　辣椒无公害生产的概念和意义

一、无公害辣椒的概念……………………………………（ 1 ）
二、生产无公害辣椒的意义………………………………（ 1 ）
　（一）保护消费者的身体健康……………………………（ 1 ）
　（二）防止污染,保护环境 ………………………………（ 2 ）
　（三）增加经济效益 ………………………………………（ 3 ）

第二章　无公害辣椒质量标准与质量认证

一、无公害辣椒质量标准…………………………………（ 5 ）
二、无公害辣椒质量认证…………………………………（ 8 ）

第三章　辣椒生产中的污染途径及生产基地的选择

一、空气污染………………………………………………（ 9 ）
　（一）二氧化硫……………………………………………（ 9 ）
　（二）氟化氢………………………………………………（10）
　（三）氯气…………………………………………………（10）
　（四）粉尘和漂尘…………………………………………（11）
二、水质污染………………………………………………（11）
　（一）酚类化合物…………………………………………（12）

（二）氰化物 ……………………………………………… （12）

（三）苯和苯系物 ………………………………………… （13）

（四）有害生物污染 ……………………………………… （13）

三、土壤污染 ……………………………………………… （14）

（一）重金属污染 ………………………………………… （14）

（二）硝酸盐污染 ………………………………………… （17）

四、农药污染 ……………………………………………… （19）

（一）有机氯农药污染 …………………………………… （20）

（二）有机磷农药污染 …………………………………… （20）

（三）其他农药污染 ……………………………………… （20）

五、其他污染途径 ………………………………………… （21）

六、生产无公害辣椒基地选择的原则和要求 …………… （21）

第四章　辣椒的植物学特征和对环境条件的要求

一、辣椒的植物学特征 …………………………………… （23）

（一）根 …………………………………………………… （23）

（二）茎 …………………………………………………… （24）

（三）叶 …………………………………………………… （25）

（四）花 …………………………………………………… （26）

（五）果实 ………………………………………………… （27）

（六）种子 ………………………………………………… （28）

二、辣椒生长发育对环境条件的要求 …………………… （28）

（一）温度 ………………………………………………… （28）

（二）光照 ………………………………………………… （29）

（三）水分 ………………………………………………… （30）

（四）土壤条件 …………………………………………… （30）

第五章　辣椒优质、抗病、丰产品种

一、甜椒品种 …………………………………………………（32）

二、辣椒品种 …………………………………………………（34）

三、彩色甜椒品种 ……………………………………………（39）

第六章　辣椒无公害高效栽培技术

一、辣椒露地高效栽培技术 …………………………………（41）

　（一）辣椒的栽培季节 ……………………………………（41）

　（二）培育壮苗 ……………………………………………（42）

　（三）定植 …………………………………………………（58）

　（四）定植后的管理 ………………………………………（59）

　（五）采收 …………………………………………………（62）

二、辣椒保护地栽培技术 ……………………………………（62）

　（一）辣椒地膜覆盖栽培技术 ……………………………（62）

　（二）辣椒春季塑料大棚栽培技术 ………………………（67）

　（三）辣椒秋冬季塑料大棚栽培技术 ……………………（76）

　（四）辣椒日光温室冬春茬栽培技术 ……………………（79）

三、辣椒无公害栽培施肥标准 ………………………………（84）

　（一）当前辣椒生产在施肥中存在的主要问题 …………（84）

　（二）辣椒平衡施肥中确定施肥量的方法 ………………（89）

　（三）生产无公害辣椒的施肥技术 ………………………（93）

第七章　无公害辣椒病虫害防治

一、无公害辣椒病虫害防治的原则 …………………………（97）

（一）辣椒病虫害的农业防治措施 ·················· （97）

（二）辣椒病虫害的物理防治措施 ·················· （100）

（三）辣椒病虫害的生物防治 ······················ （103）

（四）辣椒病虫害的化学防治 ······················ （106）

二、辣椒病害防治 ·································· （108）

三、辣椒虫害防治 ·································· （122）

第八章 无公害辣椒采收、贮藏与运输

一、影响辣椒贮藏、运输的因素 ······················ （129）

（一）品种的选择和栽培要求 ······················ （129）

（二）采收时期和方法 ···························· （130）

二、采后无公害处理 ······························ （130）

（一）挑选和分级 ······························ （130）

（二）包装 ·································· （131）

（三）预冷处理 ······························ （131）

三、运输与管理 ·································· （132）

四、贮藏与管理 ·································· （134）

（一）辣椒贮藏的环境条件 ························ （134）

（二）辣椒贮藏方法 ···························· （134）

（三）辣椒贮藏场所和用具的消毒方法 ·············· （138）

附录1 NY 5010—2002 无公害食品 蔬菜产地环境条

件 ·································· （139）

附录2 NY 5005—2001 无公害食品 茄果类蔬菜 ······ （145）

附录3 主要辣椒品种育成单位联系地址 ·············· （155）

第一章 辣椒无公害生产的概念和意义

一、无公害辣椒的概念

无公害辣椒就是无污染,对人体安全、卫生的商品辣椒。具体来讲,就是指产地环境、生产过程、产品质量,符合国家或农业行业无公害蔬菜标准和生产技术规程,并经产地和市场质量监管部门检验合格,使用无公害农产品标识销售的辣椒产品。

二、生产无公害辣椒的意义

(一)保护消费者的身体健康

人们食用蔬菜是为了从中得到营养,如果在蔬菜生产中因化肥和农药施用不当,而造成蔬菜体内农药和化肥的残留过量,人们食用后就会对健康造成危害。例如,人体摄入的硝酸盐 80% 来源于蔬菜。在蔬菜生产中,过量施用硝态氮肥,大量的硝酸盐便积累在蔬菜体内,硝酸盐在蔬菜体内积累对蔬菜本身是无害的,但人体若摄入硝酸盐过多,将可能导致高铁血红蛋白病、癌变、畸形、甲状腺肿等病症的发生,对人体健康有极大的危害。目前我国大部分地区生产的蔬菜硝酸盐含量均有超标倾向。又如,一些菜农为保证产量,降低成本,无视化学农药使用的有关规定,在蔬菜生产中施用一些禁用的剧毒农药,或不按规定时间滥施农药,使蔬菜体内农药残留大大超标。在我国,因食用农药残留超标的蔬菜造成的中毒事件时有发生。除此之外,在蔬菜生产中还有一些其他的污染途径如污水灌溉、大气污染等都会对蔬菜造成不同程度的污染。这些带有各种污染的蔬菜,经人食用后,必定会对人体健康带来危害。为了保证消费者的身体健康,让大家吃到放心菜,生产无污染蔬菜是社会发展的必然。

(二)防止污染,保护环境

近年来,我国蔬菜生产发展迅速。蔬菜的播种面积从 1991 年的 688.1 万公顷发展到 2001 年的 1 334.1 万公顷,蔬菜总产量达 40 500 万吨,年生产总值达 2 500 亿~2 800 亿元。成为当今世界蔬菜播种面积最大,产出量最多的国家。随着科学的发展,蔬菜产量有了明显的提高,但同时对化肥、农药以及其他工业化学产品的依赖性也越来越大。因此,生产发展了,环境却遭到了破坏。为了片面追求高产,过量施用化肥,尤其是氮肥,不仅破坏了农田土壤结构而且污染了地下水。研究表明:土壤氮素的淋失是农田氮肥进入地下水的基本途径,是水体中氮污染物的主要来源。有关资料报告,蔬菜生产发达地区,由于大量的化肥投入,地下水中的硝态氮含量高达 61.6~120.4 毫克/升,远远超过世界卫生组织颁布的饮用水质量标准 10 毫克/升。此外,由于有机肥源不足和施用农家肥较麻烦,致使大多菜田用化肥代替有机肥,结果土壤有机质迅速下降,土壤营养比例失调,理化性质变劣,土壤结构受到严重破坏。据陕西凤翔县农技中心测定,1982 年该县种植辣椒地区的土壤有机质含量为 1.23%,到 1990 年已下降到 0.81%,8 年内下降了 34.14%。在 20 世纪 70 年代每 667 平方米施 15 千克尿素,即可保证 200 千克干制辣椒的生产水平,而现在要用 25 千克的尿素才能保证 200 千克干制辣椒的需氮水平。由于过量施用化肥,土壤肥力下降,结构破坏,性质变劣。而在生产中,农民为求高产,则越发增加化肥的施用量,这必然造成一个恶性循环,使土壤环境越变越劣,如此发展下去,土壤环境的破坏将是后患无穷。

化学农药的施用对防治病虫害、增加产量起了不小的作用;但与此同时,杀死了天敌,破坏了自然界动物区系及昆虫、微生物与植物之间的生态平衡关系。过量施用化学农药,危害蔬菜的有害昆虫和微生物的抗药性增强,最终会导致病虫害暴发,甚至达到难以控制的严重后果。更为严重的是,一旦这些化学物质通过食物链进入到生态系统的循环之中,就会污染人们的生存环境,也包括人体本身。

生产无公害蔬菜并非一概排斥施用农药、化肥和其他化学产品,可以在使用的种类、剂量、时期、方法等方面加以规范和控制,把对生态环境的破坏降低到最小程度,既使人类免遭危害,又为持续稳定的发展蔬菜生产创造了很好的条件。因此,提倡生产无公害蔬菜,对保护生态环境有着极其重要的意义。

(三)增加经济效益

随着社会经济的发展,人们的饮食结构由温饱型向营养型、保健型过渡,由数量型向质量型改变,必然对蔬菜质量提出更高的要求。如何买到既有营养又安全的无公害蔬菜,已成为人们关注的热点。据报道,北京市即将全面实行农业标准化生产,包括蔬菜在内的所有农产品都要按标准生产和销售,改变目前农产品无标准生产、无标准上市和无标准流通的状况。将重点制定农产品的安全卫生标准和质量标准等,使生产者在生产过程中要做到达标生产,从而保证消费者吃上安全的农产品。由此可见,生产无公害蔬菜必定是今后蔬菜生产的方向,那些不达卫生标准、有污染的产品必将被市场淘汰。在蔬菜市场竞争日益激烈的情况下,提高产品的质量是开拓市场的主要条件,开发无公害蔬菜是一个很好的途径。

中国加入 WTO,对蔬菜业尤其是发展创汇蔬菜是一个千载难逢的好机遇。但也面临着严峻的考验,在提高蔬菜品质,进行高产、高效和优质生产的同时,做到低耗和无污染方面,我们还有许多问题亟待解决,否则,我们的蔬菜产品将无法走向世界。

生产无公害蔬菜,如果按照科学方法去做,并不会增加生产成本,相反还可以降低成本。例如,在蔬菜生产中,我国传统的"粪大水勤,不用问人","肥随水走,一水一肥"的灌水施肥模式,不仅浪费了水肥资源,加大了生产成本,而且造成环境污染,蔬菜品质下降。又如,在生产中如果采用抗病品种,合理施用农药,既减少了农药的施用量,降低了产品的农药残留,提高了产品的质量,还降低了生产成本。

综上所述,提倡种植无公害蔬菜,是一项为人民造福的有前途的事业,尽管还有大量的科学技术、宣传组织、市场管理等工作需要去做,特别是与人们的认识及生活水平的提高还有一个相适应的过程,但是,我们相信经过不断努力,无公害蔬菜的种植一定会迅速发展起来。

第二章 无公害辣椒质量标准 与质量认证

一、无公害辣椒质量标准

无公害辣椒质量标准应符合农业部颁发的《NY 5005－2001 无公害食品 茄果类蔬菜》中关于无公害茄果类蔬菜的感官要求和卫生指标(表1,表2)。

表1 无公害茄果类蔬菜感官要求

项 目	品 质	规 格	限 度
品 种	同一品种	规格用整齐度表示。同规格的样品其整齐度应≥90%	每批样品中不符合感官要求的,按质量计总不合格率不得超过5%
成熟度	果实已充分发育,种子已形成(番茄、辣椒);果实已充分发育,种子未完全形成(茄子)		
果 形	只允许有轻微的不规则,并不影响果实的外观		
新 鲜	果实有光泽,硬实,不萎蔫		
果面清洁	果实表面不附有污物或其他外来物		
腐 烂	无		
异 味	无		

续表1

项　目	品　　　质	规　　　格	限　　　度
灼　伤	无	规格用整齐度表示。同规格的样品其整齐应≥90%	每批样品中不符合感官要求的,按质量计总不合格率不得超过5%
裂　果	无(指番茄)		
冻　害	无		
病虫害	无		
机械伤	无		

注1:成熟度的要求不适用于2,4-D和番茄灵等化学处理坐果的番茄果实。
注2:腐烂、裂果、病虫害为主要缺陷。

表2　无公害茄果类蔬菜卫生指标

序　号	项　　　目	指　标,mg/kg
1	六六六(BHC)	≤0.2
2	滴滴涕(DDT)	≤0.1
3	乙酰甲胺磷(acephate)	≤0.2
4	杀螟硫磷(fenitrothion)	≤0.5
5	马拉硫磷(malathion)	不得检出
6	乐果(dimethoate)	≤1
7	敌敌畏(dichlorvos)	≤0.2
8	敌百虫(trichlorfon)	≤0.1
9	辛硫磷(phoxim)	≤0.05

续表2

序 号	项 目	指 标,mg/kg
10	喹硫磷(quinalphos)	≤0.2
11	溴氰菊酯(deltamethrin)	≤0.2
12	氰戊菊酯(fenvalerate)	≤0.2
13	氯氟氰菊酯(cyhalothrin)	≤0.5
14	氯菊酯(permethrin)	≤1
15	抗蚜威(pirimicarb)	≤1
16	多菌灵(carbendazim)	≤0.5
17	百菌清(chlorothalonil)	≤1
18	三唑酮(triadimefon)	≤0.2
19	砷(以 As 计)	≤0.5
20	铅(以 Pb 计)	≤0.2
21	汞(以 Hg 计)	≤0.01
22	镉(以 Cd 计)	≤0.05
23	氟(以 F 计)	≤0.5
24	亚硝酸盐	≤4

注1:粉锈宁通用名为三唑酮。

注2:出口产品按进口国的要求检测。

注3:根据《中华人民共和国农药管理条例》,剧毒和高毒农药不得在蔬菜生产中使用,不得检出。

二、无公害辣椒质量认证

为加强无公害辣椒的规范化管理,维护其产品信誉及消费者利益,推动无公害辣椒生产的健康发展,必须实行无公害辣椒申报和认定制度。

凡具备无公害辣椒生产条件的单位或个人,均可通过当地有关部门向省级无公害农产品管理办公室申请无公害农产品标志和证书。申请者按要求填写无公害农产品申请书、申请单位或个人基本情况及生产情况调查表、产品注册商标文本复印件及当地农业环境保护、监测机构出具的初审合格证书。

省级无公害农产品管理部门,在认为申报基本条件合乎要求后,委托省级农业环境保护、监测机构对辣椒产品质量及产地环境条件进行检测,出具环境条件和产品质量评价报告。

省级无公害农产品管理部门根据评价报告和上报材料进行终审。终审合格的,由省级无公害农产品管理部门颁发无公害农产品证书,并向社会公告;同时,与生产者签订《无公害农产品标志使用协议书》,授权企业或个人使用无公害农产品标识。

无公害农产品标志和证书有效使用期限为 3 年。使用无公害农产品标志的单位或个人,必须严格履行《无公害农产品标志使用协议书》,并接受环境和质量检测部门进行的定期抽检。

取得无公害农产品标志的生产单位和个人,应在产品说明或包装上标注无公害农产品标志、批准文号、产地、生产单位等。标志上的字迹应清晰、完整、准确。

第三章 辣椒生产中的污染
途径及生产基地的选择

　　蔬菜包括辣椒的主要污染源为工业"三废"(废气、废水、废渣)、城市垃圾、地膜、氮素化肥、农药以及在运、销过程中污染蔬菜的有害或有毒物质。根据污染途径的不同,可分为直接污染和间接污染。前者如生产过程中农药、肥料的污染,大气中有毒有害气体及粉尘的污染等;间接污染有的是通过污水灌溉污染蔬菜,有的是污染菜田土壤后再污染蔬菜。以下就几种主要污染源介绍其污染情况。

一、空气污染

　　工业废气中排出的有毒气体,污染面大,污染严重,特别是城市郊区或工厂附近的菜田,往往受到严重的危害。工业废气主要包括二氧化硫、氟化物、氯气、臭氧、氮氧化物、碳氢化合物等,此外,还有空气中的粉尘、烟尘等。其中,对蔬菜威胁较大的污染物有以下几种。

(一)二氧化硫

　　二氧化硫主要是由燃烧含硫的煤、石油和焦油时产生。空气中二氧化硫含量过高,将对植物产生危害。蔬菜对二氧化硫的抵抗力很弱。它进入植物体后,在毒害植物组织的同时,经过植物本身的解毒作用,变成毒性较小的硫酸态硫贮存下来。但当受害浓度高,时间长,植物体内硫元素积累过高,超过自身的解毒能力时,就会影响到植物生理代谢活动,出现受害症状。食用这些含硫量

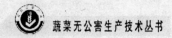

很高的蔬菜,就会对人体产生危害。农业部2001年颁布的无公害蔬菜基地环境空气质量指标中规定,空气中二氧化硫日平均浓度不得超过0.15毫克/立方米。

(二)氟 化 氢

氟化氢主要来源于使用含氟原料和化工厂、冶金厂、磷肥厂等工厂排出的氟废气。它是一种无色、具有臭味的剧毒气体。当空气中氟化氢含量过高,即可使植物受害,是空气污染物中对蔬菜毒性最大的气体。一般只经几个小时,蔬菜叶子就可由绿变黄,全株凋萎。蔬菜受污染后,氟含量急剧增加,人长期食用会积累中毒。据报道,日平均摄入量20~80毫克氟化物,经10~20年可使人中毒致残。氟的急性中毒表现为腹痛、腹泻、呕吐、四肢痛及痉挛。慢性中毒表现为牙齿异常(釉斑),骨质脆,进而造成甲状腺和肾的功能病变。蔬菜中所含氟为水溶性,经浸泡后可降低25%~50%。农业部2001年9月颁布的无公害茄果类蔬菜卫生指标中规定,茄果类蔬菜中氟的卫生限量是≤0.5毫克/千克。无公害蔬菜基地空气质量指标中规定,氟化物(标准状态)日平均浓度应≤7微克/立方米。

(三)氯 气

氯气是一种黄绿色的有毒气体,对农作物的危害也十分严重,但它的危害只限于局部地区。污染空气的氯主要来源于食盐电解工业以及制造农药、漂白粉、消毒剂、聚氯乙烯塑料、合成纤维等工厂排放的废气。农作物受氯气危害后,通常在比较高的浓度下才会出现症状,表现叶脉间组织出现白色、浅黄色的不规则斑点,然后叶片全部变白,继而干枯死亡。

(四)粉尘和漂尘

除气体外,空气的污染物质还有大量的固体或液体的细微颗粒成分,统称粉尘,它们形成胶体状态悬浮在空气中。煤烟粉尘是空气中粉尘的主要成分,工矿企业密集的烟囱是煤烟粉尘的主要来源。烟尘是由炭黑颗粒、煤粒和飞灰组成的,是我国危害农业生产最重要的空气粉尘。被烟尘危害的蔬菜,主要是各大工厂企业四周蔬菜地上的植株。烟尘沉降在蔬菜植株上,降低了植株的光合及呼吸作用,引起褪色,生长不良,部分组织木栓化,纤维增多,果皮粗糙,不但造成减产,而且降低蔬菜的商品价值。此外,工业排入大气的许多极细小的金属微粒如铅、镉、铬、锌、镍、锰等,多数能长时间漂浮在空气里,故称"漂尘"。这些物质的毒性大,能直接或间接被植物吸收,并污染土壤,对人体健康的危害性极大。金属漂尘因体积极其微小,容易被气流携带扩散到较远的地方,它们在空中由于碰撞能被较大粒子吸附,加大体积后降落地面,造成危害。例如,某工厂排出的含砷废气污染了四周菜地的蔬菜,使蔬菜植株内含砷量达到8.4毫克/千克,出售后引起中毒事故。金属漂尘除直接污染蔬菜外,还可以对菜地的土壤造成污染。据调查,在距某炼锌厂500米的农田里,原来土壤中的含镉量为0.7毫克/千克,经6个月工厂废气镉尘污染后,土壤含镉量上升到了6.2毫克/千克,使土壤带毒。在这种土壤上种植蔬菜,必然会造成蔬菜镉的含量超标,危害人体健康。农业部2001年9月颁布的无公害蔬菜的行业标准中规定,无公害蔬菜基地空气中的总悬浮颗粒日平均不得超过0.3毫克/立方米。

二、水质污染

由于工业排放大量未加处理的废水和废渣,农业生产中大量施用化肥和农药,我国主要江、河、湖泊及部分地区的地下水都受到了不同程度的污染,有的污染已经相当严重。尤其是城市郊区,污染日趋严重。蔬菜是灌水量最大的农作物,水体污染已成为菜田土壤及蔬菜污染的主要途径之一。水质污染对蔬菜的危害表现在两个方面:其一为直接危害,即污水中的酸、碱物质或油、沥青以及其他悬浮物及高温水等,均可使蔬菜组织造成灼伤或腐蚀,引起生长不良,产量下降,或者产品本身带毒,不能食用;其二为间接危害,即污水中很多能溶于水的有毒有害物质被植物根系吸收进入植株体内,或者严重影响植物正常的生理代谢和生长发育,导致减产,或者使产品内有毒物质大量积累,通过食物链转移到人、畜体内,造成危害。水中污染物质对蔬菜危害较大,且分布较广的主要有酚类化合物、氰化物、苯系物、醛类和有害微生物等。

(一)酚类化合物

酚是石油化工、炼焦和煤气、冶金、陶瓷和玻璃、塑料等工业废水中的主要有害物质。如用含酚浓度高的废水灌溉蔬菜,会抑制植株的光合作用和酶的活性,破坏植物生长素的形成,影响植物对水分的吸收,破坏植物的正常生长发育,降低产量。蔬菜植株内过高的酚含量对人是有害的,有人认为它是一种助癌剂。

(二)氰 化 物

氰化物主要来源于炼焦、电镀、选矿、金属冶炼、化肥等一些工厂生产过程中排放出的含氰工业污水。由于水质受到污染,从而威胁到农业用水。用含氰污水灌溉蔬菜后,污水灌溉区耕作层含氰量比非灌溉区明显增高,生长在菜田中的蔬菜可食部分含氰量也有升高趋势。氰化物对生物的毒性,主要是由于它能释放出游离氰,形成氢氰酸,这是一种活性很强、有剧毒的物质。虽然在低剂量情况下,氰化物对蔬菜的生长、发育及品质不易产生危害,其至还能刺激生长,但由于氰是剧毒物,易挥发,对动物杀伤力大,所以必须重视消除它对农业环境中的其他生物如人、畜及水产类的影响。农业灌溉用水国家标准中氰的允许含量为0.5毫克/升。

(三)苯和苯系物

苯及苯系物主要来源于化工、合成纤维、塑料、橡胶,特别是炼焦和石油工业排放的污水。苯不溶于水,但能随水移动污染地下水和灌溉水源,被苯污染的饮用水和蔬菜,常含有异味。用含苯水灌溉后,随着水中苯浓度的增加,蔬菜产品内的含苯量也随之增加。在低剂量时,对蔬菜生长也有一定的促进作用,但超过一定限度后,产品器官内芳烃类物质急剧增加,出现涩味,不宜食用。蔬菜及菜田土壤对苯类物质均有一定的代谢与降解能力,因而在植物体内及土壤中的残留并不太高。但是考虑到对蔬菜品质的影响,国家农业灌溉水质标准规定,苯的浓度为25毫克/升。

(四)有害生物污染

在未经处理的食品工业废水、医院污水和生活污水及未腐熟的粪便水中,常常携带有大量的致病微生物和寄生虫卵,用这些污水灌溉蔬菜,如果采后处理及食前处理不当,蔬菜即成了病菌进入人体的载体。未经处理的污水中的病原菌,常见的有沙门氏菌、志贺氏痢疾杆菌以及肝炎病毒等,另外,还有大量的寄生性蛔虫卵及绦虫卵等。一般情况下,这些有害微生物附着在蔬菜表面上,但也不能排除某些致病微生物,尤其是病毒类通过组织进入蔬菜的可能性。已经发现某些城市的伤寒病流行季节似乎与某些蔬菜的上市高峰有关,特别是在使用城市污水与工业污水混合的灌溉区,这种情况更为明显。食用污灌区蔬菜的市民比食用清灌区蔬菜的市民发病率要高。

某卫生防疫站对蔬菜污染调查结果表明:采用污灌方式栽培

的蔬菜,每千克含有蛔虫卵35.5个;以粪稀灌溉的小白菜,其蛔虫卵数比污水灌溉区还高。可见,未经充分腐熟及未进行必要处理的粪便,是不适合用来给蔬菜施肥的,否则会给蔬菜造成严重污染。

因此,在利用污水和粪水灌溉蔬菜时一定要慎重。从无公害生产的角度,污水及粪水必须经过无害化处理,经检验合格后方可使用。

三、土壤污染

土壤的污染物主要来自两个方面:一是工业"三废";二是在栽培过程中过多施用化学农药或氮素化肥造成的农药及硝酸盐污染。近年来,由于对环境污染控制不力,菜地的污染日益严重,特别在城郊及工矿区附近的菜地,污染更为严重。在严重污染的菜地上种植蔬菜,蔬菜产品内一些重金属含量较高,硝酸盐含量也严重超标,对人体健康的潜在威胁很大,应予以足够的重视。

(一)重金属污染

城市及工矿区附近的灌溉水、土壤及蔬菜中的重金属含量较高,这些地区种植的蔬菜与其他农作物相比,它对多种重金属的富集量要大得多。汪雅各等(1985)在上海市某地调查,与背景值比较,蔬菜及菜田土壤中7种重金属元素(铅、锌、铜、铬、镉、砷、汞)都显著增高,局部地区污染严重。何振昌等(1988)对辽宁省某大城市郊区调查,灌溉水水样中镉的平均含量超过《农田灌溉水质标准》;污水的重金属含量高于机井水,尤以镉为最突出;与背景值比较,菜地土壤的铜、锌、铅、镉含量均显著增高,其平均值分别高2.26倍、3.87倍、3.96倍和7.06倍;各种蔬菜都受到不同程度的污染,铜、锌、铅、铬、镉等5种重金属的综合超标率达36.19%,局部地区更为严重。从不同重金属元素来看,蔬菜的富集程度以镉为最高,锌、铜次之,铅、砷、铬最低,汞中等。另外,在不同土壤条件下,重金属的吸收情况也有差异,土壤有机质含量高,质地较黏重,土壤反应为中性和碱性的,重金属易被土壤固定,有利于提高土壤的重金属环境容量,减少蔬菜的吸收。

1. 镉污染 通常自然界中镉的含量很低,污染环境的镉主要来源于金属冶炼、金属开矿和使用镉为原料的电镀、电机、化工等工厂,这些工厂排放的"三废"都含有大量的镉。镉是毒性强的金属,对人体的危害大。它可在人体中积累,引起急慢性中毒。举世闻名的日本公害病"骨痛病"就是由于镉在人体内积累引起的。有的研究报道认为,镉有致癌和致畸作用,已被列入世界八大公害之一。蔬菜的镉污染主要是由于土壤污染引起的,在未污染的正常情况下,土壤中的镉含量多在 0.5 毫克/千克以下,很少超过 1 毫克/千克的标准;如果土壤受到镉污染,土壤镉含量可高达 100 毫克/千克以上。在这种情况下,蔬菜中镉的含量比正常的要高出十几倍甚至几十倍。农业部 2001 年 9 月颁布的无公害茄果类蔬菜卫生指标中规定,茄果类蔬菜中镉的卫生限量标准≤0.05 毫克/千克。农用灌溉水中镉的允许标准不得超过 0.005 毫克/升。

2. 砷污染 砷的环境污染源主要是造纸、皮革、硫酸、化肥、冶炼和农药等工厂的废气及废水。砷在自然界中分布广泛,是动植物需求的微量元素,植物和土壤中都有一定的含量。土壤砷的背景值含量一般为 10～30 毫克/千克,植物灰分中平均含砷量为 5 毫克/千克。砷化物的毒性很大,属于高毒物质。砷的急性中毒表现为肠胃炎症,慢性中毒多为多发性神经炎,砷还被认为是肺癌和皮肤癌的致病因素之一。如用含砷量较高的灌溉水灌溉菜地,土壤中砷的累积明显增加。土壤受砷污染后,由于阻碍水分和养分的吸收,产量明显下降。受砷污染后的土壤,即使改用无污染的清水灌溉,蔬菜中砷的残留仍然高于非污染区。所以,控制灌溉水中的含砷量是防治蔬菜砷污染的重要措施。我国农田灌溉水中砷的标准是不超过 0.05 毫克/升。农业部 2001 年 9 月颁布的无公害茄果类蔬菜卫生指标中规定,茄果类蔬菜中砷的卫生标准限量是 ≤0.5 毫克/千克。

3. 铬污染 铬污染主要来源于电镀、金属加工、制革、涂染料、钢铁和化工厂等排出的废水。铬也是属于一种重要的环境污染物质。铬是植物生长所必须的微量元素,所以它对蔬菜生长的毒害,只有在浓度较大时才出现症状,当土壤中铬的浓度达到 400 毫克/千克时才有毒害。铬能抑制作物生长发育,可与植物体内细胞原生质的蛋白质结合,使细胞死亡;可使植物体内酶的活性受到抑制,阻碍植物呼吸作用等代谢过程。铬也被认为是人的致癌物质。土壤中含铬量高,植物体内铬的含量也相应增高,蔬菜中自然铬的含量一般在 0.1 毫克/千克以下,而在污染土壤上栽培,蔬菜中的含铬量可比正常情况下高 100 倍以上。

我国农田灌溉标准规定,水中铬含量不得超过 0.1 毫克/升。

4. 汞污染 汞污染源主要来自工业"三废"和含汞农药的施用。汞在工业上应用广泛,矿山开采、汞冶炼厂、化工、印染和涂料等工业都有大量含汞废料排出。汞对人体危害很大。有机汞是一种蓄积性毒性,从人体排泄比较慢。汞可危害人的神经系统,使手、足麻痹,严重时可痉挛致死。

通常植物体内只含有极微量的汞,只有在较高浓度下,汞才对植物产生伤害。植物受汞毒害表现的症状是叶、花、茎变成棕色或黑色。汞进入植物体内有两条途径:一条是土壤中的汞化物转变为甲基汞或金属汞为植物根所吸收;另一条途径是经叶片吸收而进入植物体,在这种情况下,如汞浓度过大,叶片很易遭受伤害。在使用含汞废水和含汞污泥的污染区农田,蔬菜富集汞的浓度明显增高。据测定,白菜可达 0.081 毫克/千克,萝卜 0.011 毫克/千克,辣椒可达 0.22 毫克/千克,均已超标 8～20 倍。在果菜类蔬中,辣椒对汞的吸收率是最高的,辣椒＞茄子＞黄瓜＞番茄。

我国农田灌溉用水,汞的标准是 0.001 毫克/升。农业部 2001 年 9 月颁布的无公害茄果类蔬菜卫生指标中规定,茄果类蔬菜中汞的卫生标准限量为≤0.01 毫克/千克。

5. 铅污染 铅是当前最为广泛的蓄积性污染元素。铅的主要来源是汽车尾气,在运输繁忙的公路两侧,空气、土壤、植物、水中含有的铅量都比远离公路处要高。城市空气含铅量可高达几个微克/立方米,而远离公路的郊区农村仅 0.05 微克/立方米左右。据测定,汽车尾气中 50%的铅尘都飘落在公路 30 米以内的土壤和农作物上。

随着汽车流量的日益增加,在无铅汽油未普及以前,郊区农业面临着不断加重的铅排放局面。在人体摄入的铅总量中,以食物形式摄入量占 76%,其他如呼吸、皮上吸收只占 24%。对照有关食品卫生标准,目前虽未发现郊区蔬菜大面积污染至危及健康的程度,但小范围的、某些种类的危害已超过国家卫生标准。所以,尽量控制铅的污染面积和产品的含铅量是郊区农业生产面临的紧迫任务。

农业部 2001 年 9 月颁布的无公害茄果类蔬菜卫生指标中规定,茄果类蔬菜中铅的卫生限量标准为≤0.2 毫克/千克。

(二)硝酸盐污染

硝酸盐作为一种污染源,是近几年来提出并引起广泛重视的新问题。在自然界中,硝酸盐及亚硝酸盐这类氮化合物广泛分布于水、土、空气和植物中。现已研究表明,硝酸盐在动物体内外,经微生物的作用极易还原成亚硝酸盐,而亚硝酸盐是一种有毒物质,它可直接使动物中毒缺氧,严重者可致死;更为严重的是,亚硝酸盐进入人体后,能和胃中(在酸性条件下)的含氮化合物(仲胺、叔胺、酰胺等)结合形成强致癌物质亚硝胺。近年来,环境卫生学的

　　许多调查证明,某些地区人群消化道癌症的增多,与当地食物中的硝酸盐、亚硝酸盐的大量积累有关。人通过食物和水摄入亚硝酸胺的前体物硝酸盐和亚硝酸盐,在很适合合成亚硝胺的胃中形成这种致癌物质。当亚硝酸盐浓度很低时,这种有害反应过程进行得很慢,如浓度过高,则合成速度加快。因此,为了保护人类健康,应减少亚硝胺的前体物——硝酸盐和亚硝酸盐的摄入总量。

　　美国人华特指出,人体摄取的硝酸盐,81.2%来自蔬菜;特瑞布(1979)认为,人体摄取的硝酸盐,来自蔬菜的占70%。可见,蔬菜是人体摄入硝酸盐的主要来源,它是一种天然易富集硝酸盐的植物食品。在正常情况下,蔬菜中吸收的硝酸盐可以经过硝酸还原酶的作用还原成亚硝态氮,再转化成氨和氨基酸类物质,经一系列高分子化后,以构成自己的躯体和维持生存。但植物对硝酸盐的利用,受许多内因和外因的限制,在条件不适宜时,特别在摄入量过大的情况下,硝酸盐不能被充分同化,致使大量硝酸盐积累于植物体内,这种积累对植物本身无害,却危害了取食的人类和牲畜。

　　蔬菜植株中的硝酸盐浓度与施用氮肥的数量及类型以及氮肥的施用时期关系密切。不少试验证明,蔬菜中硝酸盐含量与土壤中氮素,特别是硝态氮量以及氮素化肥的施用量成正相关,尤其在产品成熟期施用氮肥影响更明显。产品收获前,施氮肥越晚,产品中硝酸盐含量越高。因此,生产中施氮肥宜早不宜晚,而且不宜施用过多,否则,产品中硝态氮过高。偏施氮肥,不注意氮、磷、钾配合施用,也会造成植株体内硝酸盐含量过高。

　　农业部2001年9月颁布的无公害茄果类蔬菜卫生指标中规定,茄果类蔬菜中亚硝酸盐含量的卫生标准限量为≤4毫克/千克。实际上,目前一些蔬菜产品中硝酸盐含量超标问题已经很严重,必须引起足够的重视,采取有效措施降低产品中的硝酸盐含量,以保证人体健康。

四、农药污染

农药在防治蔬菜病虫害、减少产量损失和保证产品质量等方面,具有重要作用。由于化学农药见效快,使用方便,成本也不太高,因而其使用范围日趋广泛,应用强度不断加大。化学农药含毒性物质较多,容易造成残留,特别在药剂种类选择、应用浓度及时期不当或剂量过大的情况下,蔬菜污染严重,对消费者健康的威胁很大。因此,农药污染已成为当前蔬菜的一大公害。在 20 世纪60～70 年代,蔬菜农药污染主要是有机氯的残留,从 1981 年起,明令禁止在蔬菜上使用六六六、滴滴涕等有机氯农药,但至今在蔬菜产品及菜地土壤中仍时有检出。目前,蔬菜上使用的多为高效低毒农药,但由于使用不当,且缺乏有效的控制与监测手段,以有机磷为主的污染已成为主要矛盾。有的地区为求经济利益,违章在蔬菜上施用明令禁止的剧毒农药,或不按照农药的安全间隔期使用农药,造成严重污染,直接威胁消费者的生命安全。因此,农药污染问题必须引起高度重视。

农药进入蔬菜的途径有二种:一是从植物体表进入,如易挥发的农药,可在气化后经叶面气孔侵入;水溶性农药,可直接经表皮细胞向组织内渗透;脂溶性农药还能溶解于植物表面蜡质层里而被固定下来。在蔬菜的产品器官上也可以附着大量农药,所以食用前如不注意浸泡、清洗,污染危害就更大。农药进入蔬菜的另一条途径是从根部吸收。通常喷洒农药,附着在蔬菜植株上的仅占10%(粉剂)～20%(水剂),其余农药散落在地面,这部分农药有一些经飞散、蒸发、光解或微生物作用,会有相当一部分被转化、分解,甚至消失,但不可能完全消除,在灌溉或降雨后,农药溶于水,进入土壤和无机盐类物质混合,而被植物根系吸收。进入植物体的农药,如果残存于产品器官内,人食用后即对人体产生危害。如

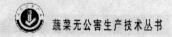

果残存于其他非食用器官内,就在蔬菜生态系统内循环,污染环境。

(一)有机氯农药污染

自20世纪40年代开始,有机氯农药滴滴涕、六六六问世以来,由于其杀虫效果好,使用遍及世界各地,所以生产量大。但这些有机氯农药理化性质稳定,残留期长,加上每年用药量大,使用范围广,很快成为农业环境中的主要污染物,不仅污染了蔬菜和粮食等产品,还污染了农田。这些农药通过食物链又污染了其他农、畜、禽产品及水产品,并在人体的脂肪、血液、大脑及肝脏等器官中逐渐累积,严重损害人体健康。我国早已禁止在蔬菜上使用有机氯农药,现已基本得到控制。

(二)有机磷农药污染

有机磷杀虫剂的生产和使用量,仅次于有机氯农药。高毒的有机磷农药如甲胺磷、氧化乐果,国家早已明令禁止在蔬菜上使用,但目前仍有检出。当前,蔬菜生产上应用较多的高效广谱性有机磷农药主要有乐果、敌百虫、敌敌畏等。尽管这些农药的残留较小,容易水解,残留期短,但仍存在不同程度的残毒问题。因此,在有机氯杀虫剂已经停用的情况下,在蔬菜的农药污染方面,有机磷农药已成为主要的农药污染源。尤其是在保护地蔬菜生产中,周年多茬栽培,病虫害加重,农药用量逐渐增大,有机磷农药残留量相对增高,应采取有效措施,加强这方面的监测工作,防止有机磷农药残留污染的升级。

(三)其他农药污染

根据中华人民共和国农业部2001年9月发布的无公害食品行业标准中,禁止在茄果类蔬菜中使用的农药,除了上述的有机氯农药(含三氯杀螨醇)、高毒的有机磷农药(甲胺磷、氧化乐果等)以外,还有对硫磷(1605)、甲基对硫磷(甲基 1605)、内吸磷(1059)、有机汞制剂、砷制剂、西力生等。详见附录。

五、其他污染途径

在公路附近的菜田,除了受铅污染以外,还会受到多环芳烃类物质(PAHs)的严重污染。这些物质可能来自汽车轮胎与沥青路面的磨损。因为用来生产汽车轮胎的炭黑中含有大量的 PAHs 化合物,沥青中也含有相当高浓度的 PAHs,已有不少动物试验证明这类物质具有强致癌性。

农用薄膜的污染问题也不可忽视。薄膜生产过程中,为保持薄膜的可塑性和柔韧性,一般需添加 40% 以上的增塑剂,主要是酞酸酯类化合物。在使用过程中,薄膜释放的酞酸酯部分落入土壤,部分被作物吸收,从而造成蔬菜的污染。有人研究认为,酞酸酯化合物具有"三致"(致癌、致畸、致突变)的作用,应引起足够的重视。

由此可见,蔬菜生产与产地环境存在非常密切的关系,产地环境遭受污染,必然导致蔬菜污染。所以要生产出安全、高质量的无公害蔬菜,首先要保证生产基地的环境质量,否则,就失去了发展无公害蔬菜生产的前提和基础。

六、生产无公害辣椒基地选择
的原则和要求

无公害蔬菜基地的选择,是切断环境中有害物质污染蔬菜的首要和关键性措施。所以,基地的正确选择是十分重要的。要切实把好大气、水质和土壤关。首先要选择远离大量工业废气、废渣、废水排放地点;具有良好的灌溉条件及清洁的灌溉水源等。一般来说,某些已经受到环境污染而且很难恢复的地区,以及自然条件比较恶劣的地区,则不适宜作为无公害蔬菜基地。相对而言,远离城市、河流上游,工业尚不发达,以及少施或不施滴滴涕、六六六、砷制剂、汞制剂的地区,则适宜作为无公害蔬菜的种植基地。

对菜地大气的要求:一般远离城镇及污染区的地区,大气质量较好。菜地应在风向上方,无大量工业废气污染源;基地区域内气流相对稳定,即使在风季,基地风速也不太大;基地内空气尘埃较少,空气清新洁净。

对灌溉水而言,水源质量十分重要。如果水源一旦被污染,即使严格控制其他生产和运销过程的污染,结果也是无济于事。所以要求基地的灌溉用水质量要稳定,用深井地下水或清洁的水库水,避免使用污水和塘水等地表水灌溉;基地河流上游水源的各个支流处,无工业污染源影响,没有排放有毒、有害物质的工厂。

无公害蔬菜基地对土壤质量也有严格要求,要求土壤肥沃,有机质含量高,酸碱度适中,土壤中元素背景值在正常范围以内,土壤耕层内无重金属、农药、化肥和石油类残留物,无有害生物等污染。

在实际工作中,可以参考以下几个条件:基地周边 2 000 米以内无污染源;基地距主干公路 100 米以上;基地土壤肥沃,排灌条件良好。基地菜田未长期施用含有有害物质的工业废渣。也可选择交通比较方便,适于种植辣椒的山区耕地,初选合格后,应对基地的环境进行检测,土壤中农药、有毒物质、重金属、硝酸盐及亚硝酸盐含量应低于允许标准;基地的大气、土壤、灌溉水等的具体要求,见农业部颁发的有关无公害蔬菜产地环境条件标准(附录)。

第四章 辣椒的植物学特征和对环境条件的要求

辣椒起源于中美洲和南美洲的热带和亚热带地区。辣椒从它的原产地美洲首先传入欧洲,17世纪被葡萄牙人带到印度和亚洲东部,约16世纪末期传入中国和日本。辣椒起源地的气候条件,决定了它属不耐霜冻的喜温作物。我国绝大多数地区属温带气候,故均在春夏季节栽培。海南省则可长年栽培。

一、辣椒的植物学特征

(一)根

根的作用是从土壤中吸收水分和无机营养。辣椒植株的生长及果实形成所需的大量水分和无机营养都是由根从土壤中吸收来的。根的另一个作用是合成氨基酸,然后输送到地上部分。另外,根还起着固定植株、支撑主茎抗倒伏的作用。

辣椒的根系由主根、侧根、根毛组成。主根发育旺盛,垂直向下生长,其上均匀地分生出侧根,从主根上分生出来的侧根称为一级侧根,一级侧根再分叉形成二级侧根,如此不断分叉形成纺锤体状的根系。通常在距离根端1毫米左右处有1段1~2厘米长的根毛区,上面密生根毛。根毛的寿命只有几天,但因密度大,吸水力强,所以能大大增加根系的活跃吸收面积,提高根系的吸收和合成能力。

主根上粗下细,在疏松的土壤中,一般可入土40~50厘米。在耕层浅、缺少营养和板结的土壤中入土则较浅,育苗移栽的辣椒,由于主根被切断,其生长受抑制,深度一般为 25～30 厘米。侧根大部分分布于表土层,以地下 10～20 厘米处分生最多,水平生长的侧根长度可达 30～40 厘米。育苗移栽时,虽然切断了主根,抑制了主根的生长,但可促进侧根的分生和生长。

根系各部位的吸收能力是不同的,较老的木栓化根只能通过皮孔吸水,吸水量很小,吸收作用主要由幼嫩的新根和根毛进行,合成作用也是在新生根的细胞中最旺盛。因此,在栽培中要促进根系不断产生新根,发生根毛。此外,辣椒根系对土壤中氧气的要求比较严格,它不耐旱,又怕涝,必须选择疏松、透气性良好的土壤,增施有机肥,才能获得丰产。

辣椒与番茄和茄子相比,其根系不算发达,主要表现在主根粗、根量少、根系的生长速度慢。地上部长出 2～3 片真叶时,才能生长出较多的二级侧根。茎基部不易发生不定根,根受伤后的再生能力也较弱。因此,培育强壮的根系和育苗中保护好根系是获得辣椒丰产的基础。

(二) 茎

辣椒茎直立,基部木质化,较坚韧。茎高 30～150 厘米不等,因品种不同而有差异。分枝习性一般情况下为双杈分枝。在夜温低、昼夜温差大、生长缓慢、植株营养状况良好时,则三杈分枝较多。通常小果型品种的植株较高,分枝多,开展度大;大果型品种如甜椒,则植株稍矮,分枝少,开展度小。

根据辣椒的分枝结果习性,可将其分为无限分枝和有限分枝两种类型。无限分枝类型的植株主茎长到 7～15 片叶时,顶芽分化为花芽,形成第一朵花。其下的侧芽抽出分枝,侧枝顶芽又分化为花芽,形成第二朵花。以后各个侧枝不断依次分枝着花,果实即着生在分枝处。这种分枝类型尽管比较规律,但实际上每次分枝并非是长短、长势相同。通常是两个分枝中,必有一个分枝生长势较强、较粗壮,另一个细而短小、生长势较弱。其差异度因品种不同而异。一株辣椒发生很多侧枝,由于生长势不一致,健壮的枝条上结的果实往往是形状标准、果实大;而弱小的枝条上结的果实不但小、形状不标准,还消耗养分。所以栽培上,尤其是在温室、塑料大棚的保护地栽培中,在植株生长旺盛的情况下,要通过整枝等措施及时摘除弱小枝条,减少养分的消耗,培育长势均匀、强壮而紧凑的分枝。这是提高辣椒产量和品质的关键。

有限分枝类型的辣椒主茎生长到一定叶数后,顶芽分化出簇生的多个花芽,花簇封顶,以后形成多数果实。花簇下面的腋芽抽生出分枝,分枝的叶腋还可以抽生出副侧枝,在侧枝和副侧枝的顶部又形成花簇,然后封顶。此后,植株不再分枝结果。这种分枝类型的辣椒通常株型矮小。一般簇生椒和大部分观赏品种属于这类分枝。

此外,辣椒尤其是甜椒品种,主茎基部各叶节的叶腋均可抽生侧枝,也能开花结果,但较晚。这种侧枝影响田间通风透光,而且消耗营养,生产上一般都予以摘除。

(三) 叶

辣椒的叶片分子叶和真叶。幼苗出土后最早出现的两片扁长形的叶片称为子叶,以后生出的叶片称为真叶。在真叶出现以前,子叶是辣椒惟一的同化器官,必须精心加以保护。子叶生长的好坏,取决于种子本身的质量和栽培条件。种子发育不充实,可使子叶瘦弱畸形。当土壤水分不足时,子叶不舒展,水分过多或光照不足时,则子叶发黄。所以,可以从幼苗子叶的生长状况判断幼苗是否健壮。健壮的幼苗,除了子叶大小适宜,颜色、形状正常外,脱落的时间也晚。一般保持在长成8片真叶以后脱落。如果脱落过早,则表明苗期管理不当。

辣椒的真叶为单叶、互生、卵圆形、披针形或椭圆形,全缘,先端尖,叶面光滑,微具光泽。叶片的大小和绿色深浅因品种不同而有差异,一般大果型品种叶片较大、微圆短;小果型品种叶片较小、略长。

辣椒叶片的功能主要是进行光合作用、蒸发水分和散发热量。一粒微小的种子长成一颗硕大的植株,除水分外,全部干物质主要是依靠叶片进行光合作用所积累的。所以,叶片是制造有机物的工厂。叶片生长状况往往反映了植株的健壮程度。一般情况下,健壮的植株叶片舒展,有光泽,颜色较深,心叶色较浅,颇有生机;反之,叶片不舒展,叶色暗,无光泽,或叶片变黄、皱缩。

(四) 花

辣椒的花为完全花,花较小,一般为白色。由于品种不同,花有单生,也有簇生,一般簇生 2~5 朵。花的结构可分为花萼、花冠、雄蕊、雌蕊等部分(图 1)。花萼为浅绿色,包在花冠外的基部,花萼基部连合,呈钟状萼筒,先端 5~6 齿。花冠由 5~6 片分离的花瓣组成,基部合生。雄蕊由 5~6 个花药组成,围生于雌蕊外面。花药长圆形,浅紫色,成熟时纵裂,散出花粉。雌蕊由柱头、花柱和子房三部分组

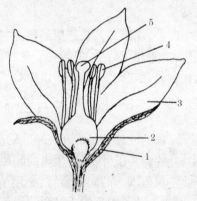

图 1 辣椒花示意图
1. 花萼 2. 子房 3. 花冠
4. 花药 5. 柱头

成。柱头上有乳状突起,便于粘着花粉。一旦授粉条件合适,花粉落在柱头上发芽,花粉管伸长,通过柱头到达子房受精,形成种子,与此同时,果实也发育膨大。

在一般情况下,花药与柱头平齐或柱头稍长。这样的花称为正常花或长柱花。辣椒花朝下开,花药成熟开裂后,花粉散出,落在靠得很近的柱头上,进行授粉。当营养条件不良时,也会出现短柱花,即柱头低于花药。短柱花的柱头低于花药,花药开裂时大部分花粉不能落在柱头上,授粉机会很少,几乎全部落花。因此,加强栽培管理,培育健壮的植株,是提高坐果率,获得高产的关键措施。

辣椒属异花授粉作物,虫媒花,异交率为 5% ~ 30% 不等,品种间差异较大。所以,辣椒采种时,应注意隔离,一般不少于 500米。

(五)果 实

辣椒果实为浆果,由子房发育而成,下垂或朝天生长。因品种不同,其形状和大小有很大差异,通常有扁柿形、长灯笼形、方灯笼形、羊角形、牛角形、长圆锥形、短圆锥形、长指形、短指形、线形、樱桃形、球形等多种形状。小的果重只有几克,大的可达 400 ~ 500克。果肉厚薄因品种而异,一般 0.1 ~ 0.6 厘米,有的品种果肉厚可达 0.8 厘米。通常甜椒果肉较厚,辣椒则较薄。果色也因品种不同而不同,大多数品种嫩果为绿色,成熟后转红色。近年来,育种专家还育成了多种果色的彩色辣椒,嫩果为绿色,成熟后转成橙、黄、淡红色;有的嫩果呈黄、白、深紫、浅紫或褐色,成熟后转红色;还有的品种幼果呈白色,成熟后转橘黄色。这种彩色椒营养成分较高,尤其是维生素 C 的含量通常比普通辣椒要高,口感也好,味脆甜,适合生食。而且色彩鲜艳,很受消费者的欢迎。

辣椒的辣味,是因为果实中含有辣椒素(8-甲基-6 癸烯香草基胺),它是一种无色晶体,其含量的多少决定了辣椒的辣味程度。一般大果型品种不含或少含辣椒素,味甜或微辣;小果型加工用的干制辣椒则辣椒素含量较高。果实中辣椒素含量的变化幅度在

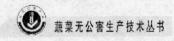

0.2%~0.9%(占干重)之间,又以胎座中的辣椒素含量最高,果肉中次之,种子中含量最低。

(六)种 子

辣椒种子大多数着生于果实的胎座上,少数着生在种室的隔膜上。成熟种子呈短肾形,扁平,浅黄色,有光泽,若采种或保存不当时为黄褐色。种皮有粗糙的网纹,较厚,因而不及茄子种皮光滑,不如番茄种子好发芽。种子千粒重4.5~8克,发芽能力平均年限为4年,使用适期年限为2~3年。

二、辣椒生长发育对环境条件的要求

辣椒原产于热带、亚热带地区,喜温,不耐霜冻。在我国,除海南和广东、广西等省、自治区辣椒可以露地越冬,其他地区冬季都要在保护地栽培下才能安全越冬。

(一)温 度

辣椒不同生长发育时期,对温度有不同的要求。种子发芽适宜温度为25℃~30℃,在此温度下需4~5天出芽。低于15℃时,不易发芽。出芽后,须稍降温以防止幼苗徒长。白天保持20℃~25℃,夜温以15℃~18℃为宜,这样能使幼苗缓慢健壮生长。茎叶生长发育适温,白天为27℃左右,夜温为20℃左右。在此温度条件下,茎叶生长健壮,既不会因温度太低而生长缓慢,也不致因温度太高使茎叶生长过旺而影响开花结果。初花期,植株开花授粉适温为20℃~27℃;低于15℃时,植株生长缓慢,难以授粉,易引起落花、落果;高于35℃时,花器发育不全或柱头干枯不能受精而落花,即使受精,果实也不能正常发育而干萎。所以在高温的伏天,特别是气温超过35℃时,辣椒往往不坐果。果实发育和转色期,要求温度为 25℃~30℃。因此,冬天保护地栽培的辣椒常因温度过低而使果实发育或变色很慢。不同品种对温度的要求也有一定的差异,大果型品种往往比小果型品种更不耐高温。

辣椒整个生长期间的温度范围为 12℃~35℃,低于 12℃就要盖膜保温,超过 35℃就要浇水降温。

(二)光 照

辣椒为中光性作物,对光周期要求不严格,只要温度适合,营养条件良好,光照时间的长与短,对花芽分化和开花影响不大。但在较长的日照和适度的光强下,更能促进花芽的分化和发育,开花结果较早。

辣椒对光照的要求因生育期不同而不同。辣椒种子属嫌光型种子,在黑暗条件下更容易发芽,而幼苗的生长则需要很好的光照条件。弱光时,幼苗节间伸长、叶薄色淡、抗性差;光照充足则幼苗节间短、茎粗、叶片厚、色深、抗性也强。我国大部分地区冬春季节,辣椒育苗期间光照强度都较弱。因此,要注意通风见光,增加光照。定植以后植株的生长发育与日照强度密切相关。辣椒的光饱和点约为 3 万勒,光补偿点约为 1 500 勒,与其他果菜类蔬菜相比,属于较耐弱光的作物。过强的光照不但不能提高植株的同化率,而且会因强光伴随高温而影响其生长发育,同时由于光呼吸的加强而消耗较多的养分。因此,在此期间稍降低光照强度,反而会促进茎叶的生长,使枝叶旺盛,叶面积变大,结果数增加,果实发育也好。在不少地区经常采用辣椒和玉米或架豆间作的方式,对辣椒适度遮荫而获得高产。温室、塑料大棚栽培辣椒,塑料薄膜起到了一定的遮光作用,这也是保护地栽培比露地栽培易获高产的一个重要原因。但如光照降低太多,就会降低同化作用,使植株生长发育不良而影响产量。辣椒开花坐果期如遇连阴雨天,光照减弱,开花数会减少,而且由于花的素质不好,致使结实率降低,果实膨

大的速度也慢。

（三）水　分

辣椒对水分要求严格，既不耐旱，也不耐涝。植株本身需水量并不很大，但由于根系不发达，耐旱性不如番茄和茄子。特别是大果型的甜椒品种，比小果型的辣椒品种更不耐旱。辣椒在各个生育期的需水量不同。种子发芽需要吸收一定量的水分，但辣椒种子的种皮较厚，吸水慢，所以催芽前先要浸泡种子，使其充分吸水，促进发芽。幼苗期植株尚小，需水不多，育苗期如果又值冬季低温时期，土壤水分过多则根系发育不良，植株徒长纤弱。幼苗移栽后，植株生长量大，需水量随之增加，但仍须适当控制水分，以利于地下部的根系伸展发育，控制地上部枝叶徒长。坐果期需水量增大，特别是果实膨大期，需要充足的水分，如果水分供应不足，果实膨大慢，果面皱缩、弯曲，色泽暗淡，甚至会降低产量和质量。所以，在此期间供给足够的水分，是获得高产的重要措施之一。

空气湿度过大或过小，对幼苗生长和开花坐果影响很大，一般空气相对湿度以60%～80%为宜。幼苗期空气湿度过大，容易引发病害；初花期湿度过大会造成落花；盛花期空气过于干燥，也会造成落花落果。塑料薄膜大棚或温室的环境相对密闭，空气湿度比较高，容易引发病害。栽培上可以采用地膜覆盖、通风换气等措施控制空气湿度，以免室内湿度长期偏高，造成病害的发生和蔓延。

（四）土壤条件

辣椒对土壤的要求并不十分严格，在中性和微酸性（pH值6.2～7.2）土壤中都可以种植。一般应选择肥沃、富含有机质、保水保肥力强、排水良好、土层深厚的砂壤土为宜。

辣椒的生长发育需要充足的养分，对氮、磷、钾三要素肥料均有较高的要求。在各个不同的生长发育时期，需肥的种类和数量也有差别。幼苗期，植株幼小，生长量小，要求肥料的绝对量并不大，但肥料质量要好，需要充分腐熟的有机肥和一定比例的磷、钾肥，尤其是磷肥。辣椒在幼苗期就进行花芽分化，氮和磷肥对幼苗发育和花的形成都有显著的影响。磷不足，不但发育不良，而且花的形成迟缓，产生的花数也少，并形成不能结实的短柱花。因此，苗期供给优质全面的肥料是取得高产的关键。初花期，需肥量还不太大，可适当施些氮、磷肥，促进根系的发育。此期如施氮肥过多，植株容易发生徒长，进而造成落花落果，而且枝叶嫩弱，易感各种病害。初花后，对肥料的需求量逐渐增大。盛花坐果期，果实迅速膨大，则需要大量的氮、磷、钾三要素肥料。氮肥供枝叶发育，磷肥和钾肥促进植株根系的生长和果实膨大以及增强果实的色泽。辣椒的辛辣味，受氮、磷、钾肥含量比例的影响。氮肥多，磷、钾肥少时，辛辣味降低；氮肥少，而磷、钾肥多时，则辣味浓。因此，在生产管理过程中，适当掌握氮、磷、钾肥的比例，不但可以提高辣椒的产量，而且可改善其品质。

对越夏恋秋栽培的辣椒，盛夏过后，多施氮肥，可促进新生枝叶的抽生；多施磷、钾肥，可使茎秆粗壮，增强植株抗病能力，促进果实膨大。此外，不同品种的辣椒对肥料的要求也不尽相同，一般大果型、甜椒类型比小果型、辣椒类型需肥量较多。

总的来说，辣椒根系较浅，要求土壤耕层深，定植前需施入适量的有机肥，生育中后期及时追肥，以增加土壤中各种营养元素含量，保证辣椒在生长发育过程中对各种营养元素的需要。与露地栽培相比，保护地栽培是在一个相对密闭的环境中，没有雨水冲淋，室内湿度大，浇水次数减少，因此，肥料流失大大减少。这就要求温室、大棚栽培辣椒不能为追求高产而一味过量施肥，否则会发生土壤污染，并导致植株生长出现各种生理障碍。

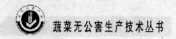

第五章 辣椒优质、抗病、丰产品种

近年来,我国育成了一批辣椒新品种,这些品种大多具有优质、抗病、丰产等优良特性。选用优质、抗病、丰产的优良品种,是生产无公害辣椒的基础。

由于各个品种熟性、色泽、形状、辣味程度等特性各异,各地区应根据当地的生态条件、栽培方式、消费习惯和市场需求,选择当地适用的品种。现将部分辣椒品种特性介绍如下。

一、甜椒品种

农发甜椒

由中国农业大学园艺学院育成。中熟品种。果实长灯笼形,果长13~14厘米,果实横径8~9厘米,果肉厚6~7毫米,果大肉厚,单果重可达150~200克。果实绿色、果面光滑而有光泽,品质极佳。耐病毒病。每667平方米产量可达5000千克。适于露地和保护地栽培。由于该品种生长势强,在塑料棚种植时要严防植株徒长。

农蕾11号

由北京农蕾蔬菜研究所育成。中熟一代杂种。植株生长势强。果实为长灯笼形,果长10~12厘米,果实横径8厘米左右,果肉厚4~5毫米。单果重180~200克。果实淡绿色,果面光滑,果肉脆甜,品质优良。耐病毒病。每667平方米产量可达3500~4500千克。适于保护地和露地栽培。

中椒 4 号

中国农业科学院蔬菜花卉研究所育成。中晚熟一代杂种。植株生长势强,耐病毒病。果实灯笼形,果长 9 厘米,果实横径 7.5 厘米,果肉厚 5 ~ 6 毫米。单果重 120 ~ 150 克。绿色,果面光滑,味甜。每 667 平方米产 4 000 ~ 5 000 千克。适于露地栽培。

中椒 5 号

由中国农业科学院蔬菜花卉研究所育成。早熟一代杂种。植株生长势强。果实灯笼形,果长 10 厘米,果实横径 7 厘米,果肉厚 4.3 毫米。单果重 80 ~ 100 克。绿色,果面光滑,味甜。抗病毒病。每 667 平方米产 4 000 ~ 5 000 千克。主要适于露地早熟栽培,也可在保护地栽培。

中椒 7 号

由中国农业科学院蔬菜花卉研究所育成。早熟一代杂种。植株生长势强,果实灯笼形,果长 9.6 厘米,果实横径 7 厘米,果肉厚 4 毫米,绿色。单果重 100 ~ 120 克。味甜质脆。耐病毒病,中抗疫病。每 667 平方米产 4 000 千克左右。适于露地或保护地早熟栽培。

海丰 6 号

北京市海淀区植物组织培养技术实验室育成。中熟一代杂种。果实长灯笼形,浓绿色,果面光滑,味甜,商品性好。最大单果重 200 克。抗逆性强。每 667 平方米产 4 500 千克左右。该品种植株生长势强,栽培中需要搭架。适于露地和保护地栽培。

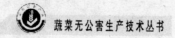

京甜2号

由北京市蔬菜研究中心育成。中熟一代杂种。果实长灯笼形,果色深绿,果面光滑,味甜,品质佳。耐贮运。果长12.5厘米,果实横径9厘米,果肉厚5.4毫米。单果重160~220克。抗病毒病和青枯病,耐疫病。适于北方保护地、露地和南菜北运基地种植。一般每667平方米产3000~5000千克。

京甜3号

由北京市蔬菜研究中心育成。中熟一代杂种。果实方灯笼形,绿色,果面光滑,味甜,品质佳,耐贮运。果长10厘米,果实横径9厘米,果肉厚5.5毫米。单果重160~220克,抗病毒病和青枯病,耐疫病。适于北方保护地、露地和南菜北运基地种植。一般每667平方米产3000~5000千克。

甜杂1号

由北京市蔬菜研究中心育成。早熟一代杂种。果实长圆锥形,果色绿,果面光滑。果长12.3厘米,果实横径5.1厘米,果肉厚4.5毫米,果肉质脆,味甜。单果重60~80克,每667平方米产3500~4000千克。适合保护地和露地栽培。

二、辣椒品种

农大22号

由中国农业大学园艺学院育成。中晚熟一代杂种。抗病毒病,耐疫病。果实羊角形,果长17~21厘米,果实横径2.5~3厘米,果肉厚2~3毫米。单果重30~40克。果实绿色,微辣,品质好。坐果率高。每 667 平方米产量可达 3 000~3 500 千克。该品种生长势强,适于露地栽培。

中椒 6 号

由中国农业科学院蔬菜花卉研究所育成。中早熟一代杂种。植株生长势强,结果率高。果实粗,牛角形,绿色,果面光滑,微辣。果长 13 厘米,横径 4.5 厘米,果肉厚 4 毫米。单果重 55~60 克。抗病毒病。每 667 平方米产 3 000~5 000 千克。适于露地栽培。

农蕾 12 号

由北京农蕾蔬菜研究所育成。中熟一代杂种。果实为大牛角形,果长 20~25 厘米,果实横径 4~5 厘米,果肉厚 4 毫米左右。单果重 100 克左右。果实绿色,微辣,品质优良。每 667 平方米产量可达 3 000~3 500 千克。该品种植株生长势强,栽培中需要搭架,单株种植。适于保护地长年栽培和露地栽培。

农蕾 13 号

由北京农蕾蔬菜研究所育成。中熟一代杂种。果实为粗羊角形,果长 20 厘米左右,果实横径 3.5~4 厘米,果肉厚 3 毫米左右,单果重 50 克左右。果实绿色,微辣,品质优良。每 667 平方米产量可达 3 000~3 500 千克。适于保护地和露地栽培。

农蕾 23 号

由北京农蕾蔬菜研究所育成。中熟一代杂种。为加工干制和鲜食兼用型品种。抗病毒病,兼抗疫病。坐果多,每 667 平方米产干椒 200~300 千克。果实为粗线椒型,果长 13~16 厘米,果实横径 1.5 厘米左右,果肉厚 1 毫米。单果重 10~14 克。嫩果绿色,成熟果红色。味辣。适于露地栽培。

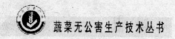

湘研 13 号

由湖南省农科院蔬菜研究所育成。中熟一代杂种。植株生长势中等。果实牛角形，果长 16.4 厘米，果实横径 4.5 厘米，果肉厚 4 毫米。单果重 58 克。果面光滑，微辣。抗病毒病、疮痂病和疫病。适于露地栽培。

湘研 14 号

由湖南省农科院蔬菜研究所育成。中晚熟一代杂种。植株生长势强，果实羊角形，果长 18.4 厘米，果实横径 2.5 厘米，果肉厚 3.5 毫米。平均单果重 38 克。果面光滑，味辣。可鲜食或加工。较抗疫病、炭疽病和病毒病。适于露地栽培。

湘研 16 号

由湖南省农科院蔬菜研究所育成。晚熟一代杂种。果实牛角形，绿色，果长 15 厘米，果实横径 3.4 厘米，果肉厚 3.5 毫米。微辣。单果重 45 克。抗病毒病。每 667 平方米产量 4 500 千克。适于秋延后露地栽培。

湘研 19 号

由湖南省农科院蔬菜研究所育成。早熟一代杂种。果实长牛角形，深绿色，果面光滑，果长 16.8 厘米，果实横径 3.2 厘米，果肉厚 2.9 毫米。微辣。单果重 33 克。抗病毒病。适于早春露地栽培。

海丰 12 号

由北京市海淀区植物组织培养技术实验室育成。早熟一代杂种。果实羊角形，微辣。果长 20 厘米左右，果实横径约 2.8 厘米，果肉厚 2 毫米。单果重 25~30 克。果面光滑,果实顺直,商品性好。该品种生长势强,抗病性好。每 667 平方米产量可达 4 000 千克以上。适于保护地和露地栽培。

海丰 23 号

北京市海淀区植物组织培养技术实验室育成。早熟一代杂种。果实牛角形,淡绿色,微辣。果长 23~26 厘米,果实横径 4 厘米左右,果肉厚 3.5~4 毫米。单果重 100 克左右。果面光滑,商品性好。植株生长势强,坐果集中。每 667 平方米产 4 500 千克左右。保护地、露地均可种植。

宁椒 5 号

由南京星光蔬菜研究所育成。中熟一代杂种。果实长牛角形,绿色,果面光滑。果长 20~22 厘米,果实横径 3 厘米,果肉厚 3 毫米,质脆,微辣。单果重 50 克。抗炭疽病,耐病毒病。每 667 平方米产 5 000 千克。适合露地和保护地栽培。

沭椒 1 号

由开封市辣椒研究所育成。中早熟一代杂种。果实粗牛角形,果色深绿,果面光滑,果长 16~18 厘米,果肉质嫩,微辣。单果重 90 克。每 667 平方米产 5 500 千克。高抗病毒病。适合露地和保护地栽培。

苏椒 3 号

由江苏省农科院蔬菜研究所育成。中熟一代杂种。果形粗长羊角形,果色浅绿,果面光滑。果长 18.8 厘米,果实横径 3.4 厘米,果肉厚 2.2 毫米,质嫩,辣度大。单果重 39 克。每 667 平方米产 3 900 千克。抗病毒病、炭疽病。适合露地栽培。

洛椒 4 号

由洛阳市辣椒研究所育成。早熟一代杂种。果实粗牛角形，绿色，果面光滑，果长 14～18 厘米，果实横径 4.5～5.5 厘米，果肉厚 3 毫米，质嫩，微辣。单果重 60～80 克，每 667 平方米产 3 500～4 000 千克。抗病性较强，适合露地和保护地栽培。

京辣 1 号

由北京市蔬菜研究中心育成。中熟一代杂种。生长势强，果实粗牛角形，嫩果深绿色，果面光滑，肉厚，成熟果深红色，耐贮运。果长 16.5 厘米，果实横径 4.3 厘米。单果重 80 克左右。品质佳，商品性好。坐果率高。抗病毒病和青枯病，每 667 平方米产 3 000～5 000 千克。适于保护地和露地种植。

京辣 5 号

由北京市蔬菜研究中心育成。中熟一代杂种。植株生长势强，果实粗羊角形，味辣，嫩果深绿色，果面光滑，肉厚腔小。成熟果鲜红色，耐贮运。果长 23.5 厘米，果实横径 3.2 厘米，单果重 70 克。品质佳，商品性好。坐果率高。抗病毒病和青枯病。每 667 平方米产 3 000～5 000 千克。适于南菜北运基地和北方保护地、露地种植。

京辣 6 号

由北京市蔬菜研究中心育成。中晚熟一代杂种。植株生长势强，果实粗羊角形，味辣。嫩果绿色，果面光滑，肉厚腔小。成熟果红色。果长 23.5 厘米，果实横径 3.2 厘米。单果重 70 克。商品性好，耐贮运。抗病毒病和青枯病，每 667 平方米产 3 000～5 000 千克。适于北方露地和南菜北运基地种植。

三、彩色甜椒品种

农蕾 1 号彩椒

由北京农蕾蔬菜研究所育成。中熟一代杂种。嫩果绿色,成熟果金黄色。果实灯笼形,果长 10 厘米,果实横径 8 厘米,果肉厚 4 毫米左右。单果重 200 克左右。果面光滑,果味脆甜,品质优良。每 667 平方米产 3 000～4 000 千克。适于塑料棚和温室栽培。

农蕾 2 号彩椒

由北京农蕾蔬菜研究所育成。中熟一代杂种。嫩果淡黄绿色,成熟果鲜红色。果实灯笼形,果面光滑,果大肉厚。单果重 200 克左右。果长 11 厘米,果实横径 8 厘米,果肉厚 4～5 毫米。果味脆甜,品质优良。每 667 平方米产 3 000～4 000 千克。适合塑料棚和温室栽培。

农蕾 3 号彩椒

由北京农蕾蔬菜研究所育成。中熟一代杂种。嫩果绿色,成熟果橙色。果实灯笼形,果面光滑,果大肉厚。单果重 200 克左右。果长 10 厘米,果实横径 9 厘米,肉厚 4 毫米左右。果味脆甜,品质优良。每 667 平方米产 3 000～4 000 千克。适于塑料棚和温室栽培。

农蕾 4 号彩椒

由北京农蕾蔬菜研究所育成。中熟一代杂种。嫩果为乳白色,果实灯笼形,果面光滑。单果重 150 克左右。果长 9 厘米,果实横径 7.5 厘米,果肉厚 3.5 毫米。果味脆甜,品质优良。每 667

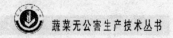
平方米产3 000~4 000千克。适于塑料棚和温室栽培。

农蕾5号彩椒

由北京农蕾蔬菜研究所育成。中熟一代杂种。嫩果为紫色，果实灯笼形，果面光滑，果大肉厚。单果重200克左右。果长10厘米，果实横径8厘米，果肉厚4毫米左右。果味甜脆，品质优良。每667平方米产3 000~4 000千克。适于塑料棚和温室栽培。

农蕾6号彩椒

由北京农蕾蔬菜研究所育成。中熟一代杂种。嫩果绿色，成熟果金黄色。果实为大牛角形，果长20~25厘米，果实横径4~5厘米，果肉厚4毫米左右。单果重100克左右。果味微辣，品质极佳。每667平方米产3 000~3 500千克。该品种植株生长势强，栽培中需要搭架，单株种植。适于保护地长年栽培。

第六章　辣椒无公害高效栽培技术

一、辣椒露地高效栽培技术

(一)辣椒的栽培季节

　　辣椒喜温不耐霜冻,在我国华南地区和云南的南部,辣椒可以周年生产,但最适生长时期是夏季和秋季。夏季栽培播种期为1月下旬至4月上旬,苗龄60天,定植期为3月中旬至6月上旬,采收期为5~9月;秋季栽培播种期为8~9月,苗龄30~40天,定植期为9~11月,采收期为11月至翌年2月。秋季辣椒栽培外界气候条件适宜,产量较高,除供应当地市场以外,还可以南菜北运,供应北方地区,冬春季节正是北方地区辣椒生产的淡季,所以经济效益较高。我国北方广大地区只能在无霜期内种植辣椒,一年一茬。东北、西北及华北北部的高寒地区多在2月中旬至3月上旬播种育苗,5月中下旬定植,7月中旬至9月为采收期。华北地区无霜期较东北、西北地区长,露地生产于1月中下旬利用温室育苗,4月下旬至5月上旬定植,6月中旬开始采收,7~8月份高温雨季如管理得当,采收期可延至9月下旬。长江中下游地区露地栽培一般于11月中旬至12月上旬播种,翌年3月下旬至4月上旬定植,5月下旬开始采收。该地区因夏季温度高,通常辣椒难以越夏。为了克服南方地区7~9月份高温对辣椒生长发育的不利因素,长江流域、华南地区发展了高山露地辣椒栽培,这是因为海拔每升高100米气温下降0.5℃~0.6℃;海拔500~1200米的山区,平均气温比平原低3℃~6℃,而且昼夜温差大,有利于辣椒的生长发育。长江流域海拔 500～1 200 米的山区都可种植辣椒,以海拔 600～800 米山区最为适宜。一般在 3 月下旬至 4 月上旬播种,5 月下旬至 6 月上旬定植,7 月下旬至 10 月采收。华南地区海拔 500 米以下,1～4 月播种;海拔 500 米以上,3 月前后播种,7 月开始采收。

(二)培育壮苗

1. 育苗的意义　辣椒栽培有直播和育苗移栽两种方式。直播一般在耕地上按 0.7～1 米开沟做垄,在垄上开浅沟,条行直播,稀撒种子,盖土约 1 厘米厚,以不见种子为度。幼苗具 2～3 片真叶时,间苗 1 次;7～8 片真叶时,按 15～20 厘米株距定苗。辣椒直播省工,但受气候条件影响大,用种量大,幼苗不整齐,占地时间长,产量也低。因此,生产上已不常采用,现在多为育苗移栽所替代。育苗虽需投入一定的人工和设备,但与直播相比具有以下优点:

(1)延长辣椒的生育期　在我国北方地区,春季栽培大田直播受到露地气候的限制,一般要在终霜过后才能播种。而利用保护设施,人为控制幼苗生长所需的环境条件,在低温严寒季节可以培育出壮苗。一旦外界气候条件适合辣椒生长,就可以及早定植,从而延长了生育期,达到早熟、丰产的目的。

(2)提高土地利用率　育苗可使幼苗集中在小面积苗床上生长,不但便于管理,而且缩短了生产地的占地时间,提高了土地的利用率。

(3)降低生产成本　目前,生产上大都采用辣椒杂交一代种子。由于其制种成本高,种子价格高,大田直播用种量大,故成本费用也高。而采用育苗移栽,成苗率高,可以节省种子,降低生产成本。

2. 壮苗的标准　壮苗是辣椒获得丰产的基础。在育苗过程中,应努力达到秧苗整齐健壮。辣椒壮苗是指在生产中能够获得早熟、高产、优质,并对不良环境具有较强适应性的辣椒幼苗。一般来说,辣椒壮苗从形态上看,苗高不超过20～25厘米,茎秆粗壮,节间短,具有8～12片真叶,叶片厚,叶色浓绿,幼苗根系发达,白色须根多,大部分幼苗顶端呈现花蕾,无病虫害等。

如果育苗期间环境条件掌握不好,则幼苗会出现徒长或老化。徒长苗表现为茎秆细弱,节间长,叶色淡,叶片薄,根系不发达,须根少,定植后缓苗慢,容易发生冻害或病害。老化苗则表现为植株矮小,茎细而硬,节间短,叶片小而厚,无光泽,根系老化,颜色发暗,定植后生长缓慢,开花结果晚,容易早衰。

3. 育苗的设施　早春辣椒育苗的设施主要有温室(日光温室或加温温室)、塑料棚、阳畦等。大棚春提早栽培和温室早春茬栽培一般在冬季进行育苗,而此时外界温度低,不适宜辣椒生长。因此,提高育苗场所的温度是关键,应根据当地的环境条件选择不同的育苗设施。

华北、东北、西北等高寒地区,需在有加温设施的温室或塑料棚内育苗,加温方式可用烧煤、燃油等方法,也可以用电热温床。长江以南地区可在日光温室或塑料棚内育苗。广东南部和海南省秋冬季节栽培辣椒,其育苗时期正值高温多雨季节,需要搭建荫棚,防雨降温。以下介绍几种主要的加温育苗设施。

(1)阳畦　阳畦又称冷床。主要靠阳光增温,无其他人工加温设施。它由风障、畦框、覆盖物(塑料薄膜和蒲席或草苫)三部分组成(图2)。

阳畦必须在当地初冬土壤上冻以前建造。选择地势高燥,背风向阳,距水源较近的地方做畦。阳畦为东西向延长。做畦前一天,在畦底部位浇水,洇透畦底。浇水后第二天,趁土湿粘之际先垒畦框,边垒土边踩实。垒框顺序为先北框,再东西两侧,最后南框。北框高40～50厘米,框底宽30～40厘米,框顶宽15～20厘

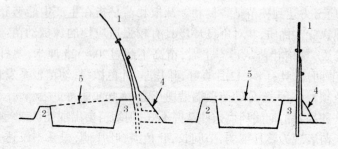

图2　阳　畦

1.风障　2.南框　3.北框　4.风障土背　5.覆盖物

米;南框高 20～30 厘米,框底宽 30～40 厘米,框顶宽 25 厘米左右;
东西两框为南低北高,并与南北两框密切相接,厚度与南框相同。
挖土垒框时,土要拍实,表面要抹光。待畦框基本晾干,贴北框外
侧立一道风障。风障由篱笆、披风草、土背三部分组成,高约 2 米,
向南倾斜,与地面成 70°角。篱笆用竹竿或苇子、高粱秆等材料组
成。披风草紧贴篱笆背阴侧,高约 1.5 米。在篱笆和披风草的基
部培成高约 40 厘米、底宽 50 厘米、顶宽 20 厘米的土背。土背要
高出阳畦北框顶部 10 厘米,它有固定风障、披风草和加强防寒保
温的作用。阳畦覆盖物由透明覆盖物和不透明覆盖物两种组成。
透明覆盖物一般为农用塑料薄膜。覆膜时,可先在南北畦框上交
叉排放竹竿做支架,将薄膜展平盖在畦上,先将北框上的薄膜边用
泥压好、固定,薄膜的其他三边可暂时用砖压好,待播种后再用泥
压住密封。不透明覆盖物可就地取材,以保温、防潮、轻便为原则。
京、津、冀一带多用蒲席,其宽度应略宽于畦面,长度以使用方便为
准,不宜太长。

　　阳畦育苗在播种前要将畦内土壤深翻,并将畦土由南半畦翻
到北半畦,将土堆成斜面,以便阳光充分晒土,可提高土温。播种
前 20 天左右,为促使土壤解冻,白天敞开覆盖物晒土,夜间盖席保
温。随着土壤解冻,分期将土堆整平。播种前,将充分腐熟的有机

肥平铺畦底,厚约 10 厘米,用四齿刨几遍,使表土与肥料均匀掺和;然后用平耙搂平,平整畦面,盖好薄膜,烤地增温,等候播种。

(2)塑料小拱棚 小拱棚育苗是长江中下游地区广大农村普遍采用的辣椒育苗设施。它结构简单,成本低,只需要塑料薄膜、竹竿或小竹片,取材方便,建造简单。小拱棚的大小是根据塑料薄膜的宽度、地形和播种量确定的,一个宽 1 米、长 10 米的标准小拱棚可育 15 000 ~ 20 000 株辣椒苗。由于塑料小拱棚保温效果较差,温度偏低的年份,可采用加盖双层或 3 层塑料膜防冻保温,但应注意两层膜之间保持一定距离,阻止两层膜之间的空气对流,形成隔热层,保温效果明显高于两层膜叠在一起的苗床。晚上可在塑料薄膜上再加盖草帘保温。

为了提高小拱棚内的温度,也可以在小拱棚的北侧立一高约 1 米、厚 0.5 米的土墙,将支架(竹竿或钢筋)一端插入地,另一端搭在北墙上,畦中部立有柱,现绑几根横梁。畦宽约 3 米,长短不拘,因地制宜。棚架上扣塑料薄膜,薄膜不能全部扣严,分成两幅盖,两幅的交接处在顶棚的下侧,在交接处可以拉开缝隙,以便通风降温。夜间可以盖上草帘防寒保温。

播种前,畦内要提前整好地,土壤充分翻晒,施入腐熟的有机肥,土肥要充分混合,平整好畦面,等候播种。

(3)温室 温室的种类很多。按屋面采光材料的不同可分为玻璃温室和塑料薄膜温室;按加温与否可分为加温温室和日光温室;按结构不同又可分单屋面、双屋面、连栋温室等。目前,生产上应用较多、经济实用、适合早春育苗用的多为塑料薄膜温室。塑料薄膜温室有较厚的土墙或砖墙,竹木或钢筋的拱架上覆盖塑料薄膜,使它能充分采光和严密保温,无论用于育苗或蔬菜生产,效益都很好。如有加温设施,能够人为控制温度,育苗更为稳妥。在温室内按东西向做畦,畦宽 1.2 米左右,畦深 15 厘米左右,平整畦面后可在畦内施肥配制营养土或摆入育苗盘。

(4)电热温床 电热温床是使用特制的地热线,将电能转化为热能,通过人为控制,从而提高苗床温度,为辣椒幼苗生长发育提供有利条件。塑料棚或日光温室早春辣椒育苗均可采用电热温床。其优点是加温快而均匀,可以人为控制温度,使用方便。电热温床育苗出苗快而整齐,且幼苗健壮,根系发达,因此,很受农民欢迎。

电热温床在北方一般都设在温室内,东西延长,床宽1.2～1.5米;南方电热温床多设在塑料大棚内,宜南北延长。通常在地面上按温床面积大小,四周培起15～20厘米高的土埂,踩实后用锹切齐,将地面铲平即可。在平整好的畦面上铺一层5～10厘米厚的隔热层(稻壳或经处理的炉渣),上面再加一薄层细土,以盖住隔热材料为度。然后就可在其上铺设地热线。

辣椒育苗,长江以南电热温床一般每平方米要求功率为80～100瓦,北方地区每平方米的功率为100～120瓦。铺设电热温床,首先按以下公式计算出苗床需用电热线条数与布线距离:

温床面积＝额定功率÷设计功率

布线长度＝温床面积÷床宽

布线往返次数＝(电热线长度－床宽)÷床长

布线间距＝布线床宽÷(往返次数－1)

例:选用电热线功率为1 000瓦,线长150米,设计功率为80瓦/平方米,床宽1.5米,则:

温床面积＝1 000瓦÷80瓦/平方米＝12.5平方米

布线长度＝12.5平方米÷1.5米＝8.3米

布线往返次数＝(150米－1.5米)÷8.3米＝17.9(次)

布线间距＝1.5米÷(17.9－1)＝0.09米＝9厘米

布线间距9厘米是理论数据,在实际应用时,由于温床两侧土壤散热大,布线时可以将电热线的间距适当缩小,温床中间的间距适当加大,但必须保持平均距离不变。

铺设电热线时,首先在温床的东西两端,按设计好的布线间距钉上竹签,由3个人布线,两端各有1个人把电热线绕在竹签上,中间1人调整,将电热线拉紧调直,不可交叉打结,引出线要从一侧拉出接在电源或控温仪上。随即接通电源,检查线路是否通畅。电路畅通无阻后,再断开电源,铺上床土。苗床土平整好后,拔出竹签。拔竹签时,一定要用一只手紧挨竹签朝下按住,另一只手抓住竹签向上稍用力顺势拔出,这样可防止将电热线带出土面。

使用电热加温线时应注意,电热加温线的长度是按功率设计额定的,使用中不可随意剪断或联接。不能将整盘的电热加温线通电测试,布线时不能交叉、重叠、打结,防止通电后烧断电热加温线。布线结束时,应使两端引出线归于同一边,在线数较多时,对每根线的首尾分别做好标记,并将接头埋入土中。电热温床育苗完毕后,在取出电热加温线时,不能硬拔硬拉或用锄头掘取,以防电热加温线断裂。用后要洗干净,在阴凉干燥处保存。

4. 营养土的配制 培育辣椒壮苗,必须配制营养土。苗床营养土的好坏与辣椒幼苗生长和发育有很大的关系。因为在育苗过程中,基本上不再施肥,辣椒幼苗生长所需养分基本来自苗床营养土,所以苗床土必须肥沃,富含有机质,有良好的物理性状,保水力强,空气通透性好。用多年种植蔬菜的菜园土做苗床土,虽然土壤肥沃、物理结构好,但病原菌较多,往往导致苗期病害大量发生,如猝倒病、立枯病等。因此,近年来不提倡用菜园土配制苗床营养土,最好采用未种过菜的大田土壤,这些土壤中病原菌少。床土以砂壤土为佳,加入适量充分腐熟的有机肥,这些肥料不仅能迅速和持久地供给辣椒幼苗生长和发育需要,还能改善苗床土的物理性状,在育苗过程中基本不需再施肥。比较常用的有机质肥有草炭和草食牲畜粪,如马粪。我国草炭资源丰富,是一种很有发展前途的育苗好基质。用草炭配制营养土,质地疏松,总孔隙度达90%(保持水分60%,空气30%),重量轻(比普通土壤轻50%左右),容易搬运。天然草炭挖出后,要经过冬天结冻,第二年才能使用。草炭中不仅含腐殖酸,对土壤养分的转化、植株根系的呼吸和酶活性有很好的影响,而且草炭中不含病菌和杂草种子,幼苗不易染病,苗床不易长杂草。马粪质地疏松,含有较多的纤维素,还含有蛋白质、脂肪类、有机酸及多种无机盐类。用马粪配制营养土,必须充分腐熟。经充分腐熟的猪圈粪和堆肥也都可以作为配制苗床土的原料。营养土的配方可以根据当地条件,用各种有机肥和田园土混合而成。其中有机肥应占 70% 左右,否则土壤板结,影响根系发育。另外,在营养土中可加入少量速效肥,如 0.1% ~ 0.2% 的过磷酸钙或复合肥料。在南方红壤土等土质酸度较高的地区,配制营养土时可加入适量的石灰,既可以起到中和作用,又能增加土壤中的钙质。土壤黏重的地区,营养土中可加入 10% ~ 20% 粗沙或蛭石,以降低营养土的黏度,提高土壤的通透性。

配制营养土时,一定要将土打碎、过筛,并混合均匀。配制好的营养土可直接铺于畦内,平整后待播种。也可将营养土装入育苗盘、塑料钵、塑料筒等育苗容器中,以替代地苗床,供播种或分苗用。用育苗盘或育苗钵育苗,播种时比较方便、灵活,管理技术容易掌握,定植时不易伤根,定植后缓苗快,发秧好,有利于早熟丰产。所以,在一些生产技术水平比较高的地区,这种育苗方法已经被普遍采用。育苗盘的大小、规格有很多种,比较适合辣椒育苗的育苗盘为 60 厘米 × 24 厘米 × 6 厘米(长 × 宽 × 高)大小的一种塑料硬质箱体,内分 72 个格,每格底部有一个渗水孔。还有一种口径为 8 ~ 10 厘米的塑料钵。上述育苗盘和塑料钵都较适合辣椒育苗用。育苗钵中的营养土不要装得很满,以便进行播种前浇水和播种后覆土。由于温室内各部位的温度有差异,在利用育苗盘或营养钵育苗时,可以经常改变育苗盘或营养钵的位置,将大苗移至温度较低的地方,小苗移至温度较高的地方,使幼苗生长更加整齐一致。

5. 播 种

(1)播种量的计算 为保证有足够的幼苗供田间生产的需要,辣椒播种前要计算播种量。如果用种过多,不但浪费了种子,增加成本,还需扩大苗床面积,增加管理成本;如用种量过少,则苗数不足,会影响种植计划的完成。播种量的计算,首先要考虑每 667 平方米种植株数(密度)、种子千粒重、种子发芽率等因素;其次,为了在定植时进行幼苗的挑选和防止某些意外情况的发生,计算播种量时还需考虑一定比例的安全系数(一般为 20% 左右)。播种量的具体计算公式为:

$$\frac{每\,667\,平方米株数 \times 种子千粒重}{1000 \times 85\%} \times (1 + 安全系数)\,(克/667\,平方米)$$

例:辣椒种植密度为每 667 平方米 4 400 株,种子千粒重为 6 克,种子发芽率为 85%,则辣椒用种量为:$\frac{4\,400 \times 6}{1\,000 \times 85\%} \times (1 + 20\%) = 37.3$ 克/667 平方米

即每 667 平方米土地需辣椒种子 37.3 克。但这是理论数据,在实际生产中,育苗床内种子的发芽率远比种子发芽试验的数值要低,而且发芽的种子也不一定都能出苗。另外,还需考虑到苗期病虫害、鼠害等因素,通常每 667 平方米土地的用种量需 50 ~ 60 克。一般来说,育苗时的外界条件越好,如有较好的育苗设施、先进的管理技术等,则计算播种量时,安全系数可小一些,反之则应增大一些。

(2)浸种催芽 浸种催芽是为了满足种子发芽时所需的温度、水分、氧气等 3 个条件。经浸种催芽的种子播种后出苗快而整齐。浸种还可与种子消毒结合起来,起到减轻病害的作用。

常用的浸种方法有以下几种:第一种方法是,用一个保温性能较好的陶瓷盆,放入 50℃ ~ 55℃ 的温水,水量为种子体积的 5 倍。将种子投入温水中并不断搅拌,防止局部受热,烫伤种胚,待水温

下降至 30℃ 左右时停止搅拌,种子在水中再浸泡 8～10 小时,使种子吸足水分,然后捞出,沥干水分,用纱布包好,外面再包上浸湿的麻袋片或毛巾,置盆体内进行催芽。这种温汤浸种法对辣椒的疮痂病、菌核病有杀菌作用。第二种方法是,将种子用清水浸泡 5～6 小时,再放入 1% 硫酸铜溶液中浸泡 5 分钟或用福尔马林(40% 甲醛)150 倍液浸泡 15 分钟,然后捞出种子,用清水洗净,再用湿布包好催芽。这种方法可以防止辣椒炭疽病和疮痂病。第三种方法是,将种子在清水中浸泡 4 小时左右,捞出后再放入 10% 磷酸三钠溶液中浸泡 20～30 分钟,也可用 2% 氢氧化钠溶液浸泡 15 分钟,清水洗净后催芽,这样可以起到钝化病毒、抑制病毒病的作用。

把浸种吸胀后的种子,放置于适宜的环境条件下,促使发芽,称为催芽。辣椒种子发芽属嫌光型,因此,在黑暗条件下发芽好。具体的做法是:将浸过的辣椒种子用干净的湿毛巾或粗布包好,放在盆钵中。盆底用小木条或竹片搭成井字架,种子放在架子上。包内种子不要太多,也不要包得太紧,种子包也不要接触盆底,以免影响通气。种子包上再盖几层湿毛巾,以保持湿度。然后将其放在适温处催芽,如恒温箱、温室烟道或火炕上,温度保持在 30℃ 左右。在催芽过程中,要经常翻动种子包,每天用温水淋洗,使其受温均匀,通气保温。在正常情况下,4～5 天种子开始发芽,当 60%～70% 的种子出芽后,可将温度稍降一些,25℃ 左右即可。待芽长有 1 毫米左右时即可播种。若因天气恶劣或其他原因不能及时播种,则可将种子置于 5℃～10℃ 低温处存放待播。

(3)播种期和播种方法 辣椒的播种期,是根据当地的气候条件、育苗的设施及育苗技术等因素决定的。辣椒露地栽培必须在当地终霜期过后定植,所以适宜的播种期应该是当地的定植期减去育苗的苗龄推算出来的。辣椒的日历苗龄一般为 80～90 天,生理苗龄为 8～10 片叶。播种时,必须考虑当地的终霜期和苗龄,使苗育成后刚好可以定植到露地。我国各地气候差异大,定植期不同,故播种期相差也很大。现将各地辣椒的播种期及定植期列于表3,仅供参考。

表3 各地辣椒露地栽培的播种期和定植期 (月/旬)

地　　点	播种期	定植期	采收期
广东、广西	9月中	11月上	1月下~2月上
杭州市	10月下~11月上	4月上	6月上~7月
上海市	11月中~12月上	4月上中	6月上~7月
北京市	1月上~1月下	4月下	6月中~9月下
大连市	2月上	4月下~5月上	6月中~9月
辽　宁	2月中	5月中	7月中~9月
吉　林	3月中	5月下	7月中~9月
哈尔滨	3月上中	5月下	7月中~9月

此外,确定播种期还要考虑育苗设施和技术。如用加温温室育苗,由于温室有较好的加温和保护设施,因而能在较短的时间培育出适龄生理大苗,因此,其日历苗龄比不加温温室或阳畦育苗要短,播种期可适当推迟。

播种前,苗床应先浇足底水,使床土含有充足的水分,以保证种子发芽出苗所需。地苗床一般是水浇满苗床后,以水层有5~8厘米深为宜。北方严冬季节水量可适当小一些,不使地温降低太多。如用育苗盘或育苗钵播种,则以浇透为止。可用喷壶重复喷浇,否则不易浇透。育苗盘或育苗钵内的营养土不能装得过满,要留有浇水和播种后覆土的空间。待底水全部渗下后,立即上一层过筛的细土即底土,厚0.5厘米左右。随后均匀地撒播已催好芽的辣椒种子(不要过密),播种后应立即覆土,厚0.5~1厘米,覆土要均匀,厚薄要合适。如覆土过薄,苗床内水分蒸发过快,土壤易干燥,影响种子出苗和生长,土壤压力小,幼苗出土时种皮不易脱落,造成幼苗"戴帽"出土,使子叶不能顺利展开,影响光合作用,从而使幼苗营养不良,成为弱苗;但覆土过厚,则会延缓出苗时间。播种后立即用塑料薄膜覆盖床面或采用小拱棚覆盖,以利于保温、保湿。当70%的种子出苗后,可揭去覆盖的塑料膜。

6. 育苗床的管理

(1)温度管理 育苗床的温度管理是培育壮苗的关键。为了促进快出苗,出苗整齐,出苗前苗床要维持较高的温度。白天温度保持在30℃左右,夜温18℃~20℃为宜。当幼苗基本出齐后,为避免幼苗徒长,要加强通风,逐渐降低温度,白天降到25℃~27℃,夜温降到17℃~18℃。保证子叶肥大、叶色绿,叶柄长短适中,生长健壮。如果在阳畦播种,因夜温下降快,幼苗不易徒长。如日温低于15℃,夜温低于5℃时,在短期内辣椒幼苗会停止生长,时间长了就会出现死苗现象,因此,应采取加盖草帘等保温或加温措施。分苗前3~4天,应降低温度,白天加强通风,保持25℃左右,夜间15℃左右,对幼苗进行低温锻炼,增强抗性,以利于分苗后的缓苗。

(2)水分管理 注意调节育苗床的湿度。辣椒幼苗根系很小,吸水能力弱,苗床内既要有充足的水分,供幼苗生长所需,但又不能过湿。在阳畦和日光温室中育苗,因为温度低,蒸发量小,播种前的底水一般足以供给幼苗生长到分苗前所需的水分,分苗前不需灌水,但要覆3~4次过了筛的细湿土,防止苗床板结和填盖幼苗出土时造成的床土裂缝,以起到保墒的作用。通常在幼苗拱土时,苗床出现裂缝,可覆一层细湿土。此后在幼苗出齐、子叶充分展开时,可覆第二次土,以后视苗床土的湿度再覆1~2次土,每次覆土厚约0.5厘米,不能过厚,要选择晴天中午温度较高时进行。覆土除有保墒作用外,还可以防止下胚轴过于伸长,以便于培育壮苗。若在加温温室或电热温床育苗,由于温度高,蒸发量较大,除了通过覆细湿土保持土壤湿度以外,如床土过干,也可适当用喷壶浇水,但水量不宜过大,因为此时苗床地温低,如果湿度太大,容易发生苗期病害,如猝倒病等。当苗床湿度过大时,可撒干细土或干草木灰吸潮,同时加强通风换气,以减少土壤水分。但撒干细土或草木灰时,必须在晴天中午幼苗叶面干燥时进行,撒土后用扫帚轻扫叶面,避免土和草木灰粘在叶片上,影响叶片光合作用。空气湿度大时,薄膜上多凝结水珠,应及时擦干,防止水珠落入苗床内。

(3)加强光照 冬春育苗季节,光照强度弱,再加上阴天、雪天和育苗设施本身的遮光作用,所以在育苗期间普遍存在着光照不足的问题。为了使苗床多接受阳光,改善光照条件,育苗设施应尽可能采用透光率高的塑料薄膜,而且要保持塑料薄膜的清洁,经常擦刷。晚上加盖草帘等不透明覆盖物时,在保温的前提下,要尽量晚盖早揭,以延长幼苗的光照时间。尤其在雨雪天,更要注意不能为了保温而不拉开草帘等不透明覆盖物,否则幼苗会因只有呼吸消耗,不能进行光合作用而衰弱。

7. 分 苗

(1)分苗的作用 随着辣椒幼苗的生长,为防止幼苗拥挤,需将幼苗按一定的株行距移植到新设置的苗床中去,这一措施称为分苗。分苗主要是为了扩大幼苗的株间距离,改善幼苗的光照条件,使幼苗有足够的空间继续生长发育,并可减少病虫害的发生;分苗还有利于淘汰弱苗、病苗,使幼苗生长更加整齐一致。分苗对幼苗本身还有一个积极作用,即分苗时因主根受损伤而促使幼苗长出更多的新根,最终使根系比较集中分布在主根附近的土壤中,定植时可减少根系的损伤,定植后缓苗快。

(2)分苗前的准备 辣椒幼苗长到2~3片真叶时,即需要进行分苗。分苗过早,幼苗小,不易成活;但若分苗过晚,播种床幼苗拥挤,光照不足,易引起幼苗徒长或子叶黄化脱落。分苗前要准备好分苗床、营养土。营养土的配制与育苗床相同。为保护辣椒幼

苗的根系,定植时要注意少伤根。近年来,辣椒分苗多采用各种营养钵或营养土方分苗。其具体做法有以下几种:

①塑料钵分苗 将配制好的营养土装入塑料钵内。塑料钵市场有售,有各种规格型号。辣椒分苗以采用上口径 10 厘米、高 10 厘米、下口径 8 厘米规格的较为合适。塑料钵的底部有一圆孔,用于排水。将营养土装在塑料钵内,整齐地码放在苗床上。因其有固定形状,装营养土方便,而且较耐用,可以连续用好几年。但须一次性投入,需要一定的成本。

②无底的塑料薄膜钵分苗 用直径 5～8 厘米的筒状塑料薄膜,剪成 8～10 厘米长,装入营养土,在苗床内码放整齐。这种方法成本低,购买方便,但由于塑料薄膜较薄,又没有固定的形状,所以装营养土时比较困难,操作费工。

③营养土方分苗 制作营养土方有和大泥法和干制法两种。和大泥法,是在分苗当天将配制好的营养土掺上适量的水,调和翻拌成稠泥状,在整好的苗床上,先铺一薄层细沙或灰渣,作为隔离层。再将和好的泥平铺在畦内,厚约 10 厘米,抹平后划线,切成 8～10 厘米见方的泥块,并在土方中央戳一小穴,将辣椒苗栽入穴内。最好是随栽随做。由于和大泥法劳动强度大,和泥不当易影响缓苗,因此,生产上多用干制法。干制法,是将配好的营养土直接铺在平整好的铺有细沙或炉灰的苗床上,厚约 10 厘米,然后踩实、搂平。分苗前灌透水,待水渗下后,按 8～10 厘米见方划线、切块,用木棍在每块土方中央戳一小穴,将辣椒幼苗栽入穴内。

(3)分苗的具体方法 分苗前一天,要浇"起苗水",以便于起苗,减少伤根,加速分苗后的缓苗。起苗时要尽量少伤根,一般每两棵为一穴,栽入事前准备好的营养钵或营养土方中。如果是营养钵,应先栽后浇水,不能大水漫灌,用喷壶浇透营养钵为宜。如是用营养土方,栽时将幼苗放入土方中央的分苗穴内,并轻轻地挤压,使根系和土壤密切接触。栽完后再普遍撒一层过了筛的细土,厚约 0.5 厘米,以利于保墒。

分苗也可以栽在地苗分苗床内,株行距以 10 厘米×10 厘米为宜。要求浅栽,子叶露出地面,栽后灌水,水不宜太大。有的地方采用"坐水分苗法",即先按行距开沟,用水勺浇水,按穴距分苗,水未渗完,苗已栽齐,然后覆土封沟。此法土面不易板结,因灌水量小,有利于提高地温。

分苗时,应选晴天上午 10 时到下午 3 时进行。在阳畦内分苗时,应边分苗边将塑料薄膜盖严,保持土壤湿度和空气湿度。塑料膜上面加盖草帘等覆盖物保温,并遮挡太阳,防止日晒致使幼苗萎蔫。

8.分苗床的管理 分苗后 1 周内,为促进根系恢复生长,要保持较高的地温。苗床白天保持 25℃~30℃,夜晚 18℃~20℃。此时,如地温低于 16℃,则生根很慢,长时间低于 13℃,则停止生长,甚至死苗。大约 1 周后幼苗开始发出新根,新叶也开始生长,这时需要适当通风降温,以防止幼苗徒长。白天保持 25℃~27℃,夜晚 16℃~18℃。辣椒的叶片对温度极为敏感。温度偏低时,生长缓慢,节间细短,叶色淡绿,叶片较小;温度偏高时,生长过速,节间长,叶片大而薄;温度适宜时,生长适中,节间短粗,叶片大而肥厚,颜色深绿有光泽,这就是壮苗的标准。温度偏高时,引起幼苗徒长,往往是夜温偏高的影响比昼温偏高的影响大,所以控制幼苗徒长特别要注意夜温不能过高。定植前,为增加幼苗对早春低温等不良环境条件的适应性,要对幼苗进行低温锻炼。定植前 10~15 天开始炼苗,白天将气温降低到 10℃~15℃,夜温降到 5℃~10℃,在幼苗不受冻害的限度内,要尽量降低夜温。但这种低温锻炼要逐步进行,不能突然降低很多,以免幼苗受到冷害。白天逐步揭开覆盖物,加大通风量,定植前 3~5 天在夜间去除覆盖物,使幼苗所处条件和露地一致。

分苗床的水分管理也是培育壮苗的关键措施之一。采用地苗床分苗,分苗后未长出新根之前不宜浇水,一般在新叶开始生长时,由于气温逐渐升高,床土水分蒸发较快,土壤稍干,应适当浇水。水量宜小,浇水后应及时中耕,以利于增温、透气和保墒。这次中耕要深透,使土松软,深度以不伤根为度,深4~5厘米。此后,为防止幼苗徒长,应适当控制水分,一般在起苗前不再浇水。但如中途土壤已显干旱,并将影响幼苗生长时,则也可在定植前10~15天浇1次小水。浇水后也要及时中耕,但这次中耕要浅,因此时幼苗根系已经在土层铺开,深耕会伤根。如果苗床底肥不足,后期发现底部叶片发黄脱落时,在第二次浇水时,可随浇水施入一些复合肥。采用营养土方(钵)分苗,分苗后掌握干了就浇的原则,控温不控水,浇水后也无需中耕。

这一阶段,外界光照强度逐渐增强,光照时间也逐渐延长,因幼苗对光照的要求越来越高,可通过早揭晚盖苗床上的覆盖物来延长幼苗的受光时间。特别是阴天,不能因为气温低而不揭开覆盖物,只要幼苗不受冷害,阴天也要揭开覆盖物。否则,幼苗在低温又无光照的条件下,只有呼吸消耗,没有光合作用,生长不良,并将引起各种苗期病害。

9. 囤苗 采用地苗床分苗(不用营养钵或营养土方分苗)的辣椒幼苗需在定植前进行囤苗,即在定植前4~6天,先在苗床内充分浇水,浇水后第二天切坨起苗,将带土坨的幼苗整齐码入苗床,土坨间的缝隙用细土填充,周围用湿土围封,防止水分蒸发。起苗后,原地囤苗3~5天的目的主要是促进幼苗发生新根,提高幼苗的抗逆性,以利于定植后加速缓苗。因为在起苗时切断了幼苗的根系,在囤苗中使幼苗长出许多新根,幼苗定植到露地后,这些新根就立即能吸收水分和营养,减少了缓苗的时间。但囤苗时间不宜过长,否则土坨干硬,叶片脱落,根系老化,反而对定植后的缓苗不利。

采用营养土方育苗,在分苗缓苗后,应根据幼苗生长情况进行切方搬苗,将大苗搬到温室南部温度稍低的地方,将小苗搬到温室北部温度稍高的地方,以消除局部温差对幼苗生长的影响,使幼苗生长整齐一致。搬苗时,土方要码放整齐,土方间的缝隙要用细土填充,以利于保温、保墒。搬苗不仅可以使幼苗生长整齐,而且可以使幼苗的根系集中在土方中生长,减少定植时伤根,加速定植后的缓苗。搬苗一般进行 2～3 次,每次搬苗后都要结合浇水,并适当提高苗床温度。采用营养钵育苗,也需根据幼苗生长情况随时进行搬苗,将大小苗的位置对调,使幼苗生长整齐一致。

10.无土育苗 为了防止苗期发生病害和节省人工,一些生产水平较高的地区都已采用了无土育苗的方式。以下介绍一种比较简易方便的辣椒无土育苗方法。

辣椒无土育苗要用育苗盘,以草炭和蛭石(一种矿物质,常为褐色,形状与云母相似,质地很轻,是一种用作绝热隔音的建筑材料,市场有售)为基质。育苗盘可采用一种由国外引进的塑料盘,其规格是:长×宽×高为 55 厘米×27 厘米×5 厘米,盘内共分为72 个空格,常称为 72 孔育苗盘(北京市农林科学院蔬菜研究中心有售)。将草炭和蛭石以 3 比 1 的比例充分混合,而后将其装入育苗盘中,将装满基质的育苗盘多个垒在一起,最上面的加一块木板,稍用力向下按,由于重力,使育苗盘的每个育苗孔上都有一个下陷的坑。然后,将辣椒种子点播于育苗孔内,每孔内可播 2～4粒种子。可播经过浸种催芽后的种子,如果育苗设施好(如有加温温室或加温电热线等),也可播未经处理的干种子,只是出苗时间稍长一些。播种后,其上覆盖蛭石,使之与育苗盘平齐,然后用喷壶慢慢浇水,一定要浇透。因为蛭石很轻,浇水后很易漂浮起来,水不易下渗,所以一定要多次浇小水,使之慢慢渗透。浇水后,在育苗盘上覆盖塑料薄膜保温保湿,以促进出苗。幼苗出土后,将塑料薄膜除去。苗出齐后,可根据不同要求,每孔内留 1～2 株苗。

用无土育苗方法育苗,其营养和水分管理与常规育苗有所不同。因为草炭与蛭石本身所带营养不能满足幼苗生长的需要,尤其在幼苗生长后期更显不足。因此,当幼苗长到 3~4 片真叶以后,需要浇灌营养液。营养液可用尿素和磷酸二氢钾配制,浓度为每升水加尿素、磷酸二氢钾各 2 克。可 1 次清水 1 次营养液间隔浇灌。草炭和蛭石的保水性能比土差,因此,和常规育苗相比,无土育苗的浇水次数要多,不能让育苗基质太干而影响幼苗生长。温度管理与常规育苗相同。

无土育苗方法,因其育苗基质的改变,可以大大减轻苗期土传病害的发生,又因其不用分苗,待幼苗长大后可直接定植于露地,节省了分苗人工。定植前 1 天浇水。定植时,用拇指和食指捏住幼苗茎的基部,轻轻往上一提,1 棵根系保护良好的完整幼苗即可从育苗盘中被提出来,定植于田间,基本无须缓苗,很快就可继续生长。又因其基质轻,搬运方便,占地面积小等优点,这种育苗方式推广很快。

除了 72 孔育苗盘,还有一种相同类型的 108 孔育苗盘,也可用于辣椒育苗,和 72 孔育苗盘相比,它更能节省基质材料,占地也较少,但其每棵幼苗的营养面积相对比较小,可以根据各地的条件选择使用。

(三)定　植

辣椒喜温,不耐霜冻。春季露地栽培的辣椒,定植期因各地气候不同而异,原则是在当地晚霜过后及早定植。当 10 厘米深处土壤温度稳定在 15℃左右即可定植。适时及早定植,可使辣椒植株在高温季节(7~8 月份)到来之前,充分生长发育而有足够大的营养体,为开花坐果打下基础。如果定植过晚,在高温到来之前植株营养体不够大,还未封垄,裸露的土壤经太阳直射,致使土温过高,影响根系生长,吸收能力减弱,进而影响地上部的生长,致使生理失调,诱发病毒病,严重影响产量。

由于辣椒根系弱,入土较浅,生长期长,结果又多,因此,要求选择地势高燥、土层深厚、排水良好、中等以上肥力的沙质壤土为宜。为预防病虫害,切忌与茄果类蔬菜连作。种植地块于头年秋天深耕晒垡。春季解冻后,铺施基肥。每667平方米施入充分腐熟的有机肥5 000千克做基肥。铺施基肥后耕翻,使土肥混合均匀,然后平地做畦。辣椒栽培多采用宽窄行垄栽。按东西向开沟,沟距80～100厘米,开沟后在沟内施优质农家肥(如经充分腐熟的饼肥),每667平方米施1 000～1 500千克,过磷酸钙30千克,用锹将肥料和土混合均匀。沟内集中施入优质有机肥料,可促进植株早期迅速生长。

定植时每沟栽2行,采用宽窄行定植。幼苗应栽在畦的两侧肩部。窄行的行距33～40厘米,穴距26～33厘米,每穴栽两株,每667平方米栽8 000～10 000株(图3)。宽窄行垄栽,既有利于植株提早封垄,又有利于植株通风透光,还便于田间操作。

定植后要立即浇定植水,随栽随浇。

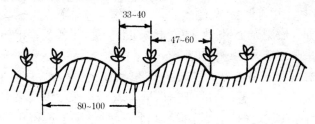

图3 辣椒宽窄行定植示意图 (单位:厘米)

(四)定植后的管理

1. 定植后至盛果期以前的管理 这一阶段以营养生长为主。刚定植的幼苗根系弱,外界气温低,地温也低,因此,浇定植水量不宜过大,以免降低地温,影响缓苗。浇定植水后,要及时中耕松土,增加地温,保持土壤水分,促进根系生长。8～10天后,植株颜色开始转绿,心叶开始生长时,再浇第二次水,浇水后进行中耕,约7厘米深。近根处稍浅,距离植株远处要深,以增加土壤的通透性,并起到增加土温的作用。第二次浇水后要适当蹲苗,即适当控制水分,促使根系向土壤纵深生长,达到根深叶茂。此时,如水分过多,容易引起植株徒长,坐果率降低。蹲苗时间长短,要视当地气候条件而定。当土壤含水量下降到13%～14%时,要及时浇水,浇水后进行中耕,继续蹲苗。

空气湿度对辣椒的开花坐果有很大的影响。当空气相对湿度达80%时,辣椒坐果率可达52%;空气湿度下降到22%时,坐果率只有0.7%。在北方地区,5～6月份空气平均相对湿度一般在50%～58%之间,个别年份低于40%,对辣椒的坐果率影响很大。因此,在北方比较干旱的地方,蹲苗期不宜太长,并要及时浇水,增加土壤湿度和田间的空气湿度,以利于开花坐果。

当大部分植株已坐果,第一层果实达到2～3厘米大小时,结束蹲苗,开始浇水。此时植株的茎叶和花果同时生长,要经常浇水,保持土壤湿润状态。

如果底肥充足,肥效又好,植株生长旺盛,果实发育正常,在第一次采收之前,可以不追肥。

2. 盛果期的管理 进入盛果期,植株生长高大,营养生长和生殖生长同时进行。为防止植株早衰,要及时采收下层果实,并要加强浇水追肥,保持土壤湿润,以利于植株继续生长和开花坐果。在雨季到来,植株封垄以前,应对辣椒植株进行培土,以防雨季植株倒伏。同时,也能降低根系周围的地温,有利于辣椒根系的生长发育。结合培土,可以追施优质农家肥,如饼肥、麻酱渣等。辣椒定植时幼苗栽在垄肩上,培土后,原来的沟底成了垄背,而垄背则成了沟底(图4)。但培土不能过高,以13厘米左右为宜。培土时要防止伤根。培土后及时浇水,促进发秧,争取在高温到来之前使植株封垄。在南方地区,高温季节到来之前,为保护根系,可在畦面撒盖一层稻草或麦壳,可以降低地温。

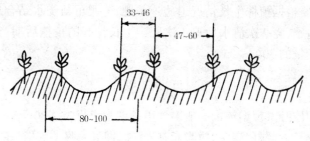

图4 辣椒宽窄行定植培土后示意图 (单位:厘米)

3. 高温雨季管理 南方6月下旬至9月上旬、北方7月至8月中旬是高温干旱或多雨季节。此期,光照强度高,地表温度常超过38℃,甚至出现50℃以上的高温,从而抑制辣椒根系的生长。所以,这一时期要保持土壤湿润,浇水要勤浇、轻浇,宜在早晨或傍晚进行,保护辣椒根系越夏,以便高温过后植株恢复生长,出现第二次开花坐果高峰。

辣椒根系怕涝,忌积水。雨季中土壤积水数小时,辣椒根系就会窒息,植株萎蔫,造成沤根死秧。轻者根系吸收能力降低,导致水分失调,叶片黄化脱落,引起落叶、落花和落果。因此,在雨季前,要疏通排水沟,使雨水及时排出。暴晴天骤然降雨,或久雨后暴晴,都易造成土壤中空气减少,引起植株萎蔫。因此,雨后要及时浇清水,随浇随排,以降低土壤温度,增加土壤通透性,防止根系衰弱。

在雨季中,土壤营养淋失较多,故需重施1次肥,每667平方米可施硫酸铵20～25千克。雨季高温,杂草丛生,要及时清除田间杂草,防止病害传播。

4. 结果后期缓秧复壮管理 高温雨季过后,天气开始凉爽,日照充足,适合辣椒的生长,是辣椒第二次开花坐果的高峰时期。所以,要加强肥水管理,促进发新枝,多结果,增加后期产量。每隔

7～8天浇1次水,9月份以后,天气转凉,浇水间隔时间应延长。此时,要根据植株生长情况追施速效肥,追肥可与浇水结合进行,随水追肥,浇2次清水后追1次肥。生长良好的植株后期产量可占总产量的30%～35%。

(五)采 收

甜椒及微辣型辣椒一般多食用青果。开花25～30天以后,果实充分长大,绿色变深,质脆而有光泽时即可采收。辣椒是陆续开花,陆续坐果,需分批分次采收,下层果实一旦长成应及时采收,以免坠秧,影响上层果实的发育和产量的形成。如制作干制辣椒,要待果实完全红熟后采收,红一批采一批。

二、辣椒保护地栽培技术

(一)辣椒地膜覆盖栽培技术

1. 地膜覆盖的效果 地膜覆盖,就是将厚度0.015～0.02毫米的聚乙烯薄膜或聚氯乙烯薄膜覆盖于畦面,以增加土壤温度,保持土壤水分,加速根系及地上部植株生长发育,达到提早成熟、增加产量、提高品质、降低成本和增加经济效益的目的。目前,地膜覆盖栽培发展迅速,在辣椒生产中应用已经非常普遍。

辣椒尤其是甜椒早春露地栽培,在早春定植露地以后,由于地温低,根系发育不良,植株生长缓慢,高温季节到来时植株尚未封垄,地表温度高,根部容易木栓化,吸水吸肥能力降低,生长失调,引起落花、落果和落叶,植株抗病能力降低,易发生病毒病。而早春辣椒露地栽培覆盖地膜,可以明显提高地温,克服由于地温低引起的所有危害,保护辣椒的根系,促进植株的生长。所以,地膜覆盖栽培对辣椒的早熟丰产效果是十分明显的。

(1)提高早春地温　地膜覆盖最显著的效果是提高早春地温。早春定植初期,覆盖地膜后,0~10厘米深处地温比不覆盖地膜的可以增高 3℃~6℃,最多可达 11℃,这对早春辣椒定植后根系的恢复和生长极为有利,能使根系活力提高,并促进植株地上部的生长,在高温季节到来之前,植株已经封垄,阳光不能直射地面,可使地温下降 0.5℃~1℃,最多可降低 3℃~5℃,保护了辣椒的根系。使植株不因高温而过早衰弱,并增强对病害的抗御能力,促进辣椒早熟及产量的提高。

(2)保持土壤水分　地膜覆盖可以减少土壤水分蒸发,使土壤含水量比较稳定,在整个辣椒生育期可减少灌水次数。早春灌水次数少,可以提高地温,还可以防止土壤养分的流失。由于覆盖地膜后,不直接在地表浇水,因而畦土不易板结,土壤疏松,容重轻,团粒结构好,土壤通透性也好。

由于覆盖地膜后,土壤潮湿、土温增高,有利于土壤微生物的繁殖,加快腐殖质的分解,可使土壤内速效氮增加 50%,速效性钾增加 20%。

(3)减少劳力投入　由于覆盖地膜可减少灌水次数,并可减少中耕,防止杂草丛生,因而能减少灌水、中耕、除草的劳力投入。

(4)减少病虫害　覆盖地膜使土壤水分的蒸发受抑制,高温雨季时节,田间空气湿度降低,减少了因湿度过高而引起的病害(辣椒疫病等)。如果采用银灰色薄膜覆盖,因薄膜的反光对驱除蚜虫有很好的效果,因而可以减少蚜虫的危害和由蚜虫传毒而引起的病害。

2. 育苗　辣椒地膜覆盖栽培的育苗方法、时期和步骤,大体与露地栽培的育苗相同。但要充分发挥地膜覆盖栽培的作用,培养健壮的幼苗,最好在温室育苗,并采用营养钵或营养土方育苗,以保护根系不受损伤;在苗期管理上,通过温度的调节,控制幼苗生长速度,培育壮苗。这样,定植时不但幼苗健壮,而且带有小花蕾,在地膜覆盖的良好小气候下,幼苗能很快恢复生长,促进早熟。

3. 定植前的田间准备　定植前的田间准备,是地膜覆盖栽培的一个关键。它包括整地、施肥、做畦和铺膜等,以创造一个耕层深厚,水分充足,肥沃、疏松的土壤环境,然后再盖上地膜保护这个环境不被破坏,或者进一步发挥这个环境的作用。

(1)施肥　在春季整地前,施入足够的有机肥,全面铺施和沟施相结合。将2/3农家肥做铺肥,1/3做沟施,土壤要充分混匀,以确保辣椒各生育期对肥料的需求。地膜覆盖的氮肥量一般应比无地膜覆盖的减少20%~30%,并适当增施磷、钾肥。

(2)整地做畦　整地质量是地膜覆盖栽培成效好坏的关键。在充分施入农家肥的前提下,提早进行耕翻、灌溉、耙地和起垄等作业。耕地前,先清除前茬秸秆及其他杂物,耕地后如墒情不好则应进行灌溉,待地表见干后立即耙平、碎土,紧接着做垄,随即铺盖地膜。

辣椒多实行垄栽,垄的高度一般不超过15厘米,过高会影响灌水,不利于水分横向渗透,过低则影响地温的增温效果。垄向一般以南北方向延长为宜,东西向延长光照不均匀,地表温度北侧比南侧低。

(3)铺膜　整地做畦之后,要紧跟着进行铺膜作业,这样有利于保持土壤水分。人工铺膜作业最好以3人为1组。首先在垄的一头将薄膜用土压紧,然后由1人将膜展开,并拉紧薄膜使其紧贴地面,另2个人将膜的两侧用土压严,这样才能充分发挥地膜保水、增加地温、抑制杂草生长的作用。

垄沟底不要覆盖薄膜,留作灌水和追肥用。覆盖地膜的面积占60%~70%。

在铺盖薄膜之前,要根据垄宽选择适合幅宽的薄膜,以免浪费。辣椒高垄栽培一般选用90厘米宽的地膜。

4. 定植　辣椒地膜覆盖有两种定植方法:一种是先铺膜后定

植;另一种是先定植后铺膜。两种方法各有优缺点。先定植后铺膜是按株行距定植好幼苗后先灌定植水,待地面稍干后,人能下地操作时,将薄膜铺盖于幼苗上,在与幼苗相对应的位置,将薄膜切成"十"字形的定植孔,然后把幼苗从定植孔中掏出来,一条垄上的辣椒苗全部掏出后,将地膜平铺于垄上,紧贴地面,四周用泥土压紧。这种方法定植的速度比较快,但容易碰伤幼苗的叶片,也不容易保持畦面薄膜的平整。先铺膜后定植是在铺好的地膜上,按定植的株行距用刀划出定植孔,将定植孔下的土挖出、栽苗,将挖出的土覆盖回幼苗的四周,压住定植孔周围的薄膜即可。如有条件,也可以做一个简单的打孔器,铺好薄膜后,在薄膜上按株行距打孔,然后将幼苗定植于孔内,四周用土将幼苗周围的薄膜压好。

辣椒地膜覆盖栽培的株行距与不覆盖地膜的相同,但由于覆盖薄膜后,后期植株无法培土,所以定植时植株应栽在垄背上而不能太靠底部(图5)。

地膜

图5 辣椒地膜覆盖示意图

由于地膜覆盖并不能避免晚霜或者低温对幼苗的危害,因此,地膜覆盖与无地膜覆盖的幼苗定植期应该基本一致。

5. 定植后的管理 辣椒地膜覆盖栽培与无地膜覆盖栽培定植后的管理有区别,应予以注意。

(1)水分管理 地膜覆盖可以抑制土壤水分的蒸发,因此,定植后,在辣椒生长前期,灌水量要比无地膜覆盖的少。由于地膜覆盖促进了植株的生长发育,通常覆盖栽培的植株比较高大,特别是叶面积大,加大了水分的蒸发量,所以在辣椒生长的中后期,灌水量和灌水次数应稍多于无地膜覆盖栽培,否则植株易遇旱害而早衰。

(2)肥料管理 由于地膜覆盖栽培辣椒环境条件的改善,前期产量明显增加,因而要从土壤中吸收、消耗更多的养分,以满足枝叶和果实生长的需要。实践证明,在土壤肥力好,底肥充足,追肥及时和精耕细管的情况下,充分发挥出地膜覆盖栽培的技术优势,则增产潜力很大。若在地力不足、施肥水平不高、田间管理粗放的情况下,则生育后期易出现早衰现象,甚至后期的产量比露地栽培的还要低。因此,地膜覆盖栽培辣椒,必须选择肥力好的地块,定植前施足底肥。

追肥要采用少量多次的方法,即少施勤施,避免一次追肥量太大,以后又多日不追施的弊端。追肥应是速溶性化肥,一般作随水追施。如果发现植株叶片发黄,生长不旺,可以叶面喷施浓度为0.3%~0.5%的磷酸二氢钾和尿素,可起到增产、延长供应期的作用。到辣椒生育后期,为避免缺肥,要注意揭膜或将膜划破,进行灌水追肥。

(3)中耕除草 地膜覆盖栽培一般可不进行中耕除草。如果能保证整地、做畦和覆盖薄膜的质量,一般杂草难以长出膜外。但定植孔及破损处,杂草易在压膜土壤处生长,长大后深入膜内,或因盖膜不严,杂草自孔中穿出造成膜破而旺盛生长,影响辣椒植株生长。因此,发现压土破损处有杂草,要及时除掉并重新盖土压严。如果杂草长大再除,会造成地膜大面积破损。

(4)搭架支撑 地膜覆盖栽培辣椒,由于地上部分生长旺盛,土壤疏松,加上后期不能培土,因而往往容易发生倒伏,应及时搭架支撑。在栽培中应少施氮肥,适当增加磷、钾肥,控制水量,以防止地上部徒长。

(5)薄膜的保护 辣椒幼苗定植后,覆盖在畦面上的薄膜常常因风、雨及田间操作等原因遭到破坏,有的膜面出现裂口,有的垄四周跑风漏气,造成土壤水分蒸发,地温下降,失去地膜覆盖的作用。因此,在进行各种田间操作时,要保护薄膜,一旦发现破裂,要及时用土压严。在大风多的地区,最好要夹风障防风。

(二)辣椒春季塑料大棚栽培技术

利用塑料大棚进行辣椒早熟栽培,辣椒上市可比露地栽培提早20～30天。提早上市的辣椒价格,可比露地栽培最初上市的价格高1～2倍。而且塑料大棚优越的生态条件,不仅可以使其提早上市,还相应地延长了采收期,管理得好,能度过炎夏,秋季继续生长,可一直长到秋末冬初。塑料大棚生产的辣椒商品性状比露地生长的要好,产值高。因此,近年来塑料大棚春提早辣椒栽培面积发展迅速,栽培技术也日益成熟,尤其在我国北方地区,它已成为辣椒栽培的一种主要形式。

1. 塑料大棚的结构类型

(1)竹木结构大棚 竹木结构的大棚是由立柱、拱杆、拉杆、压杆组成大棚的骨架,架上覆盖塑料薄膜而成(图6)。它使用材料简单,可因陋就简,容易建造,造价低,缺点是竹木易朽,使用年限较短,又因棚内立柱多,遮荫面大,操作不便。

①立柱 是大棚的主要支柱,用于承受棚架、塑料薄膜的重量。竹木柱的直径5～8厘米。立柱基部要用砖、石或混凝土墩代替"柱脚石"。立柱埋置深度为50厘米左右,埋土后夯实。目前应用较多的为6排柱。一栋宽15米、长45米的大棚,横向6根柱,中柱2根,腰柱2根,边柱2根。两根中柱间隔2米,腰柱与中柱间隔2.75米,边柱距腰柱2.75米。纵向立柱间隔3米,两柱之间每隔1米立1根长20～30厘米的吊柱,固定在拉杆上,用以支撑拱杆。

②拱杆 是支撑塑料薄膜的骨架,横向固定在立柱或吊柱上,呈自然拱形。两端埋入地下,深30～50厘米。拱杆每间隔1米设1根,用直径4厘米左右、长4～6米的竹竿或竹片绑接而成。

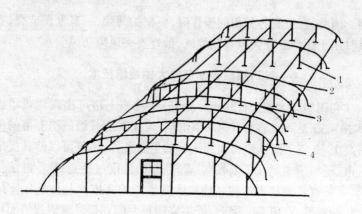

图6 塑料大棚骨架各部位名称

1. 立柱 2. 拱杆 3. 拉杆 4. 吊柱

③拉杆 是纵向连接立柱的横梁,对大棚骨架整体起加固作用,相当于房屋的檩条。用直径5~6厘米的木杆或竹竿固定在立柱上,各排立柱都应设立拉杆。拉杆的位置距棚顶25~30厘米处,要用铁丝绑牢,以固定立柱,使之连成一体。

④盖膜 将单幅的塑料膜按棚面的大小焊接成整块的薄膜。如果1个棚仅覆盖一整块塑料薄膜,可在两侧底边设通风口;如覆盖两块,则早期通风口设在大棚顶部薄膜衔接处;如覆盖三块,则早期的通风口在棚的两肩部薄膜衔接处。盖膜要选晴朗无风的天气,先从棚的一边将膜压住,再将薄膜拉至棚的另一侧,几个人一起拉,边拉边将薄膜理平整,拉直绷紧。薄膜四周接地处,至少要留出30厘米宽埋入土中,以固定薄膜。

⑤压膜绳 扣上塑料薄膜后,在两根拱杆之间系1根压膜绳,使薄膜绷平压紧,不能松动。位置可稍低于拱杆,使棚面成瓦垄状,以利于排水和抗风。压膜绳的两头可固定在大棚两侧的地锚上,或者绑在横木上埋入土中。压膜绳可用专用的压膜塑料绳,也可用8号铅丝等代替。

（2）竹木水泥混合结构大棚　这种棚的结构和竹木棚相同。为使棚架坚固耐久，并能节省钢材，有的棚是竹木架和钢筋混凝土柱相结合，有的棚是钢拱架和竹木或水泥柱相结合。这种棚减少了立柱数量，因而改善了作业条件，不过造价略高些。

（3）组装式钢管结构大棚　组装式钢管结构大棚是用镀锌薄壁钢管组装而成。由工厂进行标准化生产，成套供应使用单位。目前，我国生产的有8米、7.5米、6米、5.4米等不同跨度的大棚。这种棚结构合理，外形美观，安装拆卸方便，但投资较多。

2. 塑料大棚的性能

（1）温度　塑料大棚有明显的增温效果。白天大棚的热量主要来自太阳直射光，太阳短波辐射在大棚的表面，一部分被反射，一部分被吸收，其余的有75%～90%进入大棚，致使大棚积聚大量的热能，使地面接受大量的热能，土温升高；夜间大棚得不到太阳辐射，而由地面向棚内辐射，这种辐射为长波辐射，碰到薄膜又返回棚内，而使棚内保持一定的温度，大棚的这种保温能力叫做"温室效应"。

塑料大棚内温度变化随着外界气温的变化而升降，因此，塑料大棚内存在着明显的季节温差和昼夜温差。早春时期，大棚内增温幅度为3℃～6℃，气温在－4℃～－5℃时，棚内的辣椒就会出现冻害。初夏，棚内增温效果可达6℃～20℃。外界气温达20℃时，棚内气温可达30℃～40℃，此时如不及时通风，极易造成高温危害。大棚白天温度变化与天气晴朗有关，晴天增温效果好，阴天增温效果差。在大棚常关闭不通风时，上午随着日照的增强，棚温迅速上升，春季上午10时后升温最快，12～13时达最高温；下午日照减弱，棚内开始降温，最低温出现在黎明前。

塑料大棚的增温效果还与棚体的大小、方位等有关。在一定的土地面积上，棚越高越大，光照越弱，棚内升温越慢，温度越低，这与大棚的保温比有关。保温比的公式如下：

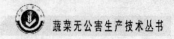

$$保温比 = \frac{大棚占地面积}{大棚表面积}$$

大棚的保温比值,一般在 0.75～0.85 之间。保温比值越大,保温性能越好;反之,则保温性能差,夜间降温也快,温差大,气温不稳定。

大棚方位与温度也有关,冬季(10月至翌年3月)东西向大棚比南北向大棚透光率高 12%;3 月份以后,由于太阳照射角度的变化,南北向大棚的透光率比东西向大棚高 6%～8%,但东西向大棚的北侧受风面积大,对温度和棚体的稳定都有一定的影响。如在北侧架设风障,增温效果将更好。

(2)光照 塑料大棚的透光性能较好,阳光透过薄膜后就成为散射光。因此,垂直光照差异是高处强,越近地面光照越弱。由上至下,光照强度的垂直递减率达每米 10% 左右。大棚内水平照度差异不大。就一天的光照强度来说,南北延长的大棚,上午东强西弱,下午西强东弱,南北两头相差无几。

由于建棚所用的材料不同,其遮荫面的大小有很大差异。一般来说,竹木结构大棚的透光率比钢架大棚少 10% 左右,钢架大棚的透光率比露地减少 28% 左右。总的来说,棚架材料越粗大,棚顶结构越复杂,遮荫的面积就越大。

薄膜的透光率,因质量不同有很大差异。最好的薄膜透光率可达 90%,一般薄膜为 80%～85%,较差的仅 70% 左右。薄膜透过紫外线及红外线的能力比玻璃强。但薄膜因受太阳紫外线照射及温度的影响,会老化变质,因而减弱透光性,使薄膜的透光率减少 20%～40%。又由于灰尘和水滴的影响,也会大量降低透光率。因此,在大棚生产期间,要防止灰尘污染和水滴积聚,必要时需洗刷棚面。

(3)湿度 由于薄膜不透气,棚内土壤和作物蒸发的水分难以散出,因此,棚内湿度较大。如不通风,棚内相对湿度可达 70%～

100%。棚内温度越高,相对湿度就越低,大约温度升高 1℃,相对湿度就下降 5%左右。从一天的变化来看,白天棚内湿度小,夜间湿度增大甚至达到饱和状态。空气湿度过大,是由于浇水和低温结露而引起的。为了降低棚内湿度,除了注意通风排湿以外,还可以通过铺地膜、改变灌溉方式、加强中耕等措施,防止出现高温高湿和低温高湿现象。

3. 辣椒春季塑料大棚栽培技术

(1)培育壮苗 辣椒春季塑料大棚栽培的主要目的是争取早熟早上市,以获得较高产值。而培育适龄壮苗是实现这一目标的重要技术措施。因此,选择适宜的播种期、定植期是获得丰产的关键。辣椒春季塑料大棚定植时,不但要求幼苗健壮,而且要求普遍现蕾的大苗,才能达到早熟的目的。一般要确保苗龄为 90～100天。全国各地气候条件差异很大 ,从南至北物候期依次延迟,可从当地的定植期向前推算即可确定适宜的播种期。我国主要城市辣椒春季塑料大棚栽培季节见表 4。

表 4 各地辣椒春季塑料大棚栽培季节

城 市	播 种 期(月·旬)	定 植 期(月·旬)	收 获 期(月·旬)
北 京	11 月下～12 月上	3 月下～4 月上	5 月上～11 月中
哈 尔 滨	1 月上	4 月下～5 月上	6 月上～11 月上
呼和浩特	1 月上	4 月中.	6 月上中～11 月中
太 原	1 月上	4 月中上	6 月上中～11 月
上 海	11 月中	3 月上	4 月下～12 月
南 京	10 月下～11 月上	3 月上	5 月上中
武 汉	10 月上～11 月下	3 月上	5 月上
长 沙	10 月上	3 月上	5 月上

辣椒春季塑料大棚栽培的浸种催芽方法同辣椒露地栽培。

辣椒大棚栽培多在温室内播种育苗。催芽后的种子可播于育苗盘中,放置在25℃～28℃处,3～4天即可出苗。出苗后要降温,白天保持在20℃～23℃,夜间保持在15℃～17℃,以防止徒长。也可在温室内育苗畦播种,播后覆土1～1.3厘米厚。为了提高地温,底水最好浇30℃～40℃的温水。

幼苗长出2～3片真叶时进行分苗。为加速缓苗,分苗后要适当提高温度,经4～5天缓苗后,昼夜可降2℃～3℃。定植前10～15天,要加强低温锻炼,加大通风量。如果是加温温室,要逐步停止加温,夜间温度最低可降至10℃左右,不高于15℃,以增强幼苗的抗寒能力,为定植入棚做准备。

苗期水分管理与露地栽培相似。分苗前一般不浇水,可覆细湿土保墒,以避免因浇水而降低地温。分苗后要灌水,保证幼苗有足够的水分。后期通风量大,幼苗蒸腾量大,失水多,应选取晴天喷洒补水。

(2)整地 为提高地温,应在定植前20～25天提早扣好塑料棚烤地,以促进土壤化冻。最好在头年秋冬季节深翻土地,充分晒土,改良土壤物理结构,并杀灭土壤中的病菌。塑料大棚栽培生育期长,采收期比露地栽培也长,需肥量比露地大。因此,定植前结合翻地每667平方米施入有机肥7 500千克,加施氮、磷、钾复合肥50千克或过磷酸钙50千克,硫酸钾20千克左右。辣椒根系浅,不耐旱,不耐涝,整地做畦要求仔细、平整,浇水时水流快而均匀,排水通畅。

(3)定植 当棚内最低气温在5℃以上,10厘米地温在12℃～15℃,并稳定在1周左右时,便可定植。定植过早,不但有遭受冻害的危险,而且地温太低,根系不生长反而推迟缓苗,对植株生长不利。

定植应选晴天上午进行。可畦栽或沟栽,定植后立即浇水。由于棚内高温高湿,辣椒栽培密度不能太大,因为大棚内的小气候条件适宜辣椒植株发秧,应稀于露地;栽植过密,会引起植株徒长,光长秧不结果或落花落果严重,也易发生病害,造成减产。为便于通风,最好采用宽窄行垄栽,即宽行距 66 厘米,窄行距 33 厘米,穴距 30～33 厘米,每穴 1 株,每 667 平方米 4 000 株左右。不同的辣椒品种,在大棚内种植的密度也有一定的差别。如株型高大、叶面积大的甜椒品种更应稀植,否则,植株长成后,郁闭不透风,将导致落花落果,产量下降。露地一般每穴种 2 株,而大棚更适宜种植单株。

(4)定植后的管理

①温、湿度管理 辣椒定植后,为促进缓苗,5～6 天内密闭大棚不通风,使棚温保持在 30℃～35℃,夜间棚外四周围草帘保温防寒,以加速缓苗。约 1 周后,开始通风,使棚温降至 28℃～30℃,高于 30℃时须通风降温。辣椒大棚生产中落花率高,大多是因为大棚内温度高、湿度大,花粉粒从花粉囊中难以飞散出来,因而影响授粉受精。所以,在保证足够的温度前提下,加强通风,可有效地提高坐果率。适于辣椒生长的空气相对湿度为 50%～60%,土壤相对湿度为 80% 左右。若空气湿度经常高于 50%～60%,棚内温度又高,则容易引起植株徒长,导致落花落果。塑料大棚内种植甜椒,门椒往往坐不住,通常是高温高湿所致。一旦第一个果坐不住,养分就都集中到枝条和叶片的生长中去,加剧了植株的徒长,如管理不当,可全株一果不结,形成所谓"空秧"。所以,当植株缓苗后,在保持一定温度的条件下,必须通风降低棚内湿度。

辣椒开花坐果的适宜温度为 20℃～25℃。辣椒开花结果盛期外界气温逐渐升高,要使棚内保持适温,白天就须有较大的通风量和较长的通风时间。通风适宜,则植株生长矮壮、节间短,坐果也多。生产中常可见到,大棚两侧比中部的植株坐果率高,就是因为两侧通风条件比较好。所以,辣椒一开始开花坐果就要通底风。夜间外界最低温度不低于 15℃时,昼夜都要通风。进入炎夏高温季节,可将塑料薄膜撤除。长江流域及以南地区,在 5 月中下旬就可全部撤除薄膜;而东北、西北及华北高寒地区,夏季凉爽,一般可以不撤除顶膜,而将大棚四周薄膜掀起,使其呈天棚状,就可进行越夏栽培。

②水肥管理　辣椒叶片较小,水分蒸腾量也小,大棚内水分蒸发量又比露地小,加上定植时外界气温也低,故定植时浇水量不宜过大,以免地温过低,影响缓苗。浇定植水后,要及时中耕,以利于保墒和提高地温,促进根系生长。缓苗后浇第二次水的时间一定要掌握好,若浇水过早,土壤湿度大,引起棚内空气湿度过高,往往会造成植株营养生长过旺,不利于坐果。如果在棚内又覆盖地膜,则第二次浇水的时间应适当延后。地膜覆盖,因地膜本身有保水作用,大棚内第二次浇水的时间和第一次定植水之间可以间隔20天左右。如无地膜覆盖,当土壤干旱时,浇1次水就要深中耕,近苗处深2~3厘米,远苗处深6~7厘米。这次中耕后即可蹲苗,以促使根系向纵深发展,达到根深叶茂。待绝大部分植株坐住第一层果,并有核桃大小时,就可以结束蹲苗,开始浇水。以后,则视天气和植株生长情况浇水,要经常保持土壤湿润。此时外界气温也高,蒸发量大,植株茎叶和果实同时生长需水量也增大,一般隔6~7天浇1次水。浇水宜在晴天上午进行。

辣椒比番茄、茄子需肥量大,尤其需更多的磷、钾肥,所以追肥很重要。可结合浇水及时追肥,多追农家肥,增施磷、钾肥,有利丰产并能提高果实品质。到盛果期植株本身对养分的需求量大,更应注意不能缺肥。此时,可进行叶面喷肥,用0.3%~0.5%的磷酸二氢钾溶液做叶面喷肥,效果较好。在撤膜前要浇1次大水,向露地栽培过渡,以后的水肥管理同露地栽培。

③植株调整　在辣椒的栽培过程中,为了促进坐果,应采取整枝、打杈和摘叶等措施调节营养生长和生殖生长的关系,称为植株调整。露地栽培的辣椒一般不需整枝打杈,也不用搭架,管理上比较省工。但在大棚中生长的辣椒,由于光照弱,温度高,湿度大,

往往营养生长旺盛,枝叶茂盛,株型高大,枝条易折,这不仅影响植株通风透光,而且还有可能导致茎叶徒长,延迟生殖生长,不利于开花结果,致使产量下降。因此,大棚栽培辣椒,尤其是栽培一些株型较大的甜椒品种,应进行必要的植株调整。

生长前期一般不进行植株调整,在第一层果坐住后,将分杈以下的叶和枝条全部除去,以免影响上部坐果;生长中期及时打去底部老叶、黄叶和细弱侧枝,这样不但能减少养分的消耗,还有利于通风透光,减少病害发生。由于大棚栽培发秧好,为了防止坐果后植株因"头重脚轻"而倒伏,影响植株正常生长发育和通风透光,可以用聚丙烯绳吊枝,或在畦垄外侧插竹竿,绑横杆,以防植株倒伏。

4.越夏措施和秋延后栽培 辣椒采收期长,可延迟采收到晚秋及初冬。所以,炎夏过后,可对植株进行修剪,以更新复壮。其修剪方法是把第三层果以上的枝条留两个节后剪去,修剪后要加强追肥灌水,促进新枝的发育、开花和坐果,力争在扣棚前使果实都坐住。入秋后,随着气温的下降,要覆盖塑料薄膜,进行秋延后栽培。扣膜时间要因地制宜,过早扣膜,气温太高,不利于植株生长;过迟,气温过低,果实难以成熟。当日均气温达 20℃～22℃,夜间最低在15℃时,就应开始扣膜。东北和西北部高寒地区大约在 8 月中旬开始扣膜,华北、东北及西北中南部地区约在 9 月初开始扣膜。

刚扣膜时,外界温度仍然比较高,所以初扣膜时切忌把全棚扣严,要逐步进行。开始,只需要将棚顶扣上,呈天棚状,随着气温的下降,夜间将四周的薄膜也扣上,白天揭开,当外界最低气温下降到 15℃以下时,夜间须将全棚扣严,白天中午气温高时,进行短暂的通风,以降低棚内的温度。当外界气温急剧下降后,棚内最低气温在 15℃以下时,基本上不再通风,并且要在大棚四周加盖草帘防寒保温,防止冻害,促进果实成熟。

扣棚后,在果实膨大期可选晴天追肥 1 次,以速效性化肥为好。以后由于气温降低,通风量要小。为避免棚内湿度过大,只要土壤不过分干旱,原则上不再浇水。

当外界气温过低,大棚内辣椒不能继续生长时,要及时采收,以免果实受冻。采收的果实经贮藏可在元旦供应市场。

大棚辣椒除有与露地辣椒同样的病虫害以外,因其棚内湿度大、温度高,生长后期易发生叶霉病,要注意防治。

(三)辣椒秋冬季塑料大棚栽培技术

辣椒秋冬季塑料大棚生产多用于长江流域以南和华中、华南一带。因这一地区冬季不是十分寒冷,稍加覆盖辣椒即可在塑料大棚内越冬。长江流域以北地区,冬季气温低,辣椒无法在塑料大棚内越冬,只能在日光温室中生长。这一茬生产的辣椒可在冬季供应市场,价格较高,经济效益好。

1. 育苗 长江中下游地区一般在 7 月中下旬播种,此时正处在高温季节,日照时间长,昼夜温差小,对辣椒的花芽分化不利,而且幼苗容易徒长,又容易感染病害。因此,必须创造出一个温度较低,既能避免阳光直晒,又能遮雨的环境,才能培育出适龄壮苗。

辣椒秋冬大棚栽培多采用露地遮荫棚育苗,首先要选择地势高燥、排水良好的地块做苗床。播种前最好进行苗床消毒,在播种前 10 天每平方米喷洒福尔马林溶液 50 克,喷后立即盖膜闷蒸 2～3 天,然后揭膜透气散药,一般要在揭膜后 7 天才能播种。或者在育苗畦上撒 50% 可湿性西维因 30～50 克,撒后与土壤充分掺和均匀。

这一茬辣椒育苗播种前一般可以不进行浸种催芽,将干种子直接播于苗床或育苗盘内。因此时温度高,湿度也大,浸种催芽后如播种管理不当,极易造成烂籽而不出苗,或出苗不好。播种前,苗床或育苗盘要浇足底水,播种时要适当稀一些,以防止幼苗生长拥挤,造成徒长。播后覆土厚 1 厘米左右。然后在苗床上用竹弓子做拱架,竹弓子两端插在苗床畦埂的外侧,中高1米(不宜过低),其上覆盖遮阳网。平时可将四周卷起通风,下雨时放下,以防雨水溅灌苗床。播种后,要保持土壤湿润,视土壤干湿情况浇水,或覆细湿土保墒。当幼苗长到2~3片真叶时,宜在晴天的傍晚或阴天时进行分苗。起苗时,应尽量避免伤根。分苗床上也要架设遮阳网。床土要保持湿润疏松,通气性好,不可忽干忽湿,否则土壤板结,幼苗易老化。浇水宜在清晨或傍晚进行,不可在正午高温时浇水,因为高温时浇水会造成幼苗生理失调而死苗。避免用大水、污水泼浇,以保证幼苗适宜生长。

2. 整地做畦 秋冬季种植辣椒,在前茬作物收获后,立即清洁田园,进行耕翻、碎土和平地。整地要细致,否则水分散失快,不抗旱。耕翻前,如土壤太干,可先浇水湿土,平整好土地后可按当地的种植习惯做畦或垄,而后在畦或垄内施入充分腐熟的有机肥,并施适量的氮、磷、钾复合肥。施肥后再用锄刨两遍,使肥和土充分掺匀,并平整好畦面或垄底。

3. 定植 秋冬季塑料大棚栽培辣椒,苗龄不宜过长,以35天左右为好,否则幼苗容易老化。选择8~10片真叶,叶色深绿,茎秆粗壮,无病虫危害的幼苗定植。凡病苗、弱苗、杂苗都应剔除。为防病虫害,在定植前可对幼苗适当喷洒杀虫剂或杀菌剂。为了促进缓苗,应选阴天或晴天傍晚时定植,避免在高温、强光照射下定植,否则,易使幼苗失水过多而死亡,降低幼苗的成活率。株行距为40厘米×40厘米,双株定植。为防止幼苗失水萎蔫,应边栽边浇水。定植后3天内,应早晚各浇1次水,保持根际土壤湿润,降低过高的土温,促进根系生长发育。分苗床也需覆盖遮阳网降温,并减少土壤和植株的蒸腾量,为辣椒生长创造较好的环境。

4. 定植后的管理 在长江中下游地区种植秋大棚辣椒,要求在9月下旬至10月上旬坐果,利用10月下旬至11月这一段适宜辣椒生长的气候条件,促进辣椒果实生长,12月份以后注意保温防冻,及时采收。

(1)降温保湿促进坐果　辣椒虽为喜温作物,但也不耐炎热。定植后至9月前这一阶段,白天气温高于30℃,空气干燥,不适宜辣椒生长,应支棚覆盖遮阳网,遮光降温,为辣椒生长创造良好的环境条件。在高温下,加强灌溉十分重要,每隔2~3天灌1次水,以降低地温,保持土壤湿润。定植初期,植株生长量不大,外界气温又高,不宜多追肥,尤其不宜追施人粪尿。必须追肥时,也只能追施少量速效化肥。在高温需多浇水的情况下,植株如果吸收过多的氮肥,会使茎叶生长过旺,引起落花落果。

如植株生长旺盛,可将第一层果以下的腋芽全部摘除;生长势弱的植株,可将第一层花蕾及时摘掉,促进植株的营养生长,保证上层的花能坐住果。

(2)适温期促进果实膨大　10月上旬至11月中旬,在长江流域以南地区气温正适合辣椒生长,是坐果和争取丰产的关键时期。当白天气温在28℃以下、夜温在15℃以上时,应及时撤除遮阳网,否则会因光照不足,辣椒不能进行正常的光合作用,导致植株生长过弱,叶片薄,茎细长,影响坐果。当白天气温在15℃以上、夜温在15℃以下时,应扣棚覆盖塑料膜保温,白天揭膜通风,夜间覆盖。此期外界温度降低,浇水量适当减少。当辣椒大量坐果后,植株需肥量增加,应进行追肥。除了追施氮肥外,还应注意增施磷、钾肥,促进果实膨大。对嫩梢和无效枝条要及时摘除,以减少养分消耗,促进果实生长。此期还应注意及时中耕除草,保持土壤疏松通气。

(3)保温防冻及时采收　11月中旬以后,气温急剧下降,夜间温度降到5℃时,在大棚内及时搭好小拱棚,并覆盖薄膜保温。小拱棚的薄膜可以白天揭,夜晚盖。第一次寒流来临后,紧接着就会出现霜冻天气,因此,晚上可在小拱棚上盖1层草帘并加盖薄膜,在薄膜上再覆盖草帘,这样既可以保温,又可防止小拱棚薄膜上的水珠滴到辣椒上产生冻害。采用这种保温措施,在长江中下游地区气候正常的年份,辣椒可安全越冬。在管理上,每天要揭开草帘,尽量让植株多见光。一般上午9时后揭开小拱棚上的覆盖物,如晴天气温高,也可适当揭开大棚的薄膜通风10~30分钟,下午4时覆盖小拱棚。进入12月份以后,日照时间短,光照强度又弱,加上覆盖物又多,这种光照强度远远达不到辣椒的光饱和点,除了尽可能让植株多见光外,要经常擦除膜上的水滴和灰尘,保持大棚薄膜的清洁透明,增加薄膜的透光率。

这一阶段外界气温低,土壤和空气湿度不能过高,应尽可能少浇或不浇水,这样可有效防止病害和冻害的发生,减少植株的死亡和烂果。此时,植株生长缓慢,需肥少,可以停止追肥。

(四)辣椒日光温室冬春茬栽培技术

辣椒日光温室冬春茬栽培多用于我国北方地区,因这些地方冬季寒冷,辣椒必须在温室内才能安全越冬。一般在7月中下旬播种,9月上中旬定植,12月上旬开始采收。整个生育期跨越夏、秋、冬、春4个季节,而这一时间段外界环境条件的变化不适宜辣椒生长发育,所以在栽培管理上有一定的难度。育苗初期外界气温较高,秧苗易徒长,易感染病害;定植后到开始采收,光照弱、温度低,有时出现灾害性天气,对辣椒的生长发育不利。辣椒日光温室冬春茬栽培的技术关键是培育适龄壮苗,定植后促根控秧,为结果期打好基础;进入结果期后,应加强肥水管理,以夺取高产。

1.育苗 这茬辣椒在华北地区播种期多在7月中下旬,苗龄35~40天。尽管播种时正值高温、多雨季节,不利于幼苗的生长,但如播种过晚,生育期缩短,辣椒如果在严冬到来之前不能坐住果,容易造成空秧而减产。播种期正值高温、多雨季节,因此,育苗场地应选择地势高燥的地块,并采取防雨措施。根据当地实际情况,在塑料大棚或中棚内育苗。但大棚或中棚四周的塑料薄膜要卷起来,以利于通风降温。如在温室内育苗,要揭开温室前底脚薄膜,后部开通风口,形成凉棚,以免温度过高对幼苗生长不利。有条件的,最好在纱棚(采种用的隔离网纱)内育苗,既可降温又可防虫。也可以用遮阳网搭设荫棚育苗。

此时因外界温度高、湿度大,种子容易发芽,可用干种子直播,不需浸种催芽。播种前,苗床要浇足底水,将种子撒播于育苗床或育苗盘内。为了防止高温高湿导致幼苗徒长,一般在播种以后不轻易浇水,而通过多次覆细湿土保墒来满足幼苗生长对水分的需求。幼苗出土时、出土后各进行1次覆土,约0.5厘米厚。如果天气干旱,可进行第三次覆土,厚度仍为0.5厘米。出苗以后的覆土,宜在晴天上午叶面无露水时进行。如天气干旱,幼苗缺水,也可在第三次覆土前浇1次小水,待叶面无水迹时再覆约厚1厘米的土。苗出齐后,如果幼苗拥挤,要及时间苗,拔除弱苗和病苗。这茬栽培育苗可以不分苗,待幼苗长到适宜大小时直接定植到温室。如果不分苗,间苗时则要留出足够的行间距。间苗可分2次进行,第一次苗间距2厘米见方;待幼苗长到3～4片真叶时进行第二次间苗,使幼苗株行距为4～5厘米见方。如需要分苗,当幼苗长到2片真叶时,及时分植于营养钵内。起苗前浇大水,起苗时尽量避免伤根。分苗后及时浇水,营养钵仍然放在塑料棚或纱棚下,幼苗长至9～10片真叶时即可定植。

2.定植 辣椒日光温室冬春茬栽培可在9月上旬定植。多采用南北行、大小垄栽培。具体做法是:南北向开沟,沟距1米左右,沟深约10厘米,沟底部宽40厘米左右。开沟后,每沟施充足的腐熟有机肥,再加施适量的复合肥,施肥后用四齿耙细刨两遍,使肥土掺和均匀,并搂平沟底。

定植前苗床要浇1次水,定植时带土起苗,尽量少伤根,取2株大小相近的幼苗栽植,注意多带土坨,以利于缓苗;采用营养钵育苗也应提前1天浇水,以便于脱钵,减少散坨。定植时每沟栽2

行,行间距离 33 厘米左右,穴距 33～36 厘米,每 667 平方米栽 3 700～4 000 穴。由于日光温室内辣椒植株生长旺盛,所以对一些株型高大的大果型品种,尤其是甜椒品种,也可以采用单株定植或加大株距。定植时,外界气温尚高,为有利于缓苗,定植宜在下午 4 时以后进行。

3. 定植后的管理

(1)水分管理 幼苗定植后立即浇 1 次水,浇水后浅中耕约 3 厘米深。缓苗后,第二次浇水,而后中耕 6～8 厘米深,近根处浅一些。然后适当蹲苗,控制水分,促进根系向土壤深层发展。当第一层果实大部坐住后,开始浇水,一般 7～10 天浇 1 次水,经常保持土壤湿润。从 10 月下旬开始,外界气温逐渐下降,通风量也应减小。由于棚内水分散失较慢,浇水间隔天数可适当延长,但仍需经常保持土壤湿润。为防止植株徒长,提高坐果率,在整个生长期内,尤其在生长前期,要十分注意温室的通风降湿工作,以控制室内湿度。

(2)温度管理 定植初期日光温室内温度较高,应尽量加大通风量。白天室温保持在 30℃以下,晚上掌握在 20℃左右。当外界气温在 15℃以下时,夜间需将塑料薄膜全部盖好,关严通风口。随着气温逐渐降低,应缩短通风时间,还需将后墙的通风窗堵严。到 10 月下旬后,晚上需加盖不透明覆盖物。一般只在中午通风 2 个小时左右,白天室内温度保持在 20℃～25℃,晚上不能低于 10℃。进入 12 月以后,外界温度更低,要做好防寒保温工作,白天中午适当通风,晚上可再加盖 1 层薄膜。晚上室温要保持在 5℃以上。

(3)采光管理 10 月下旬日光温室加盖不透明覆盖物后,每天应及时揭盖,前期掌握早揭晚盖,逐步过渡到中后期晚揭早盖。棚内加盖的保温薄膜每天都要掀开。雨天、阴天也要揭开不透明覆盖物。

(4)追肥 在施足底肥的情况下,辣椒生长前期一般不需施肥,在果实膨大期可视植株生长情况,追施优质有机肥或速效化肥,同时注意追施磷、钾肥。

日光温室冬春茬栽培,在严冬季节由于通风量小,常常出现二氧化碳不足的问题,从而影响植株的光合作用。生产实践证明:增施二氧化碳可使植株生长健壮,提高产量,改善果实品质,减轻病害。当前,生产上推广较多的二氧化碳施肥方法有两种:一种是施用二氧化碳颗粒气肥;另一种是化学方法。现将这两种方法介绍如下。

施用二氧化碳颗粒气肥:二氧化碳颗粒气肥是以碳酸钙为基料,与常量元素的载体配合加工而成的颗粒状气肥。具有生产无污染、操作简便、使用方便、一次投肥效期长的特点。一般每667平方米日光温室施用量为40~50千克,一次性投施释放二氧化碳高效期可持续2个月左右,最高浓度1 000微升/升左右。具体施用方法是:在辣椒进入坐果期时,将颗粒气肥均匀埋施于行间,深度为1~2厘米,7天左右即可显出效果。施用时,不能撒在叶面上,距离根系也要远一些,以防止烧根。

化学法:化学法产生二氧化碳,具有成本低、操作简便、增收效果显著等特点。生产中普遍应用的是碳酸氢铵和硫酸反应,生成二氧化碳作为气肥。施用时期,从辣椒开始坐果至结果盛期结束,要求每天施放1次。施放过早,容易引起茎叶生长过旺,造成徒长。每天施放时间是在温室揭苫后30~50分钟,通风前30分钟停止施放。阴天不宜施放,以防止秧苗徒长。施用浓度以1 000~15 000微升/升为宜。按照所需浓度或所需二氧化碳质量计算所需反应物数量可参看表5。

因为二氧化碳密度大,扩散慢,因此,在温室内应设多个施放点,每667平方米一般设10~12个点。碳酸氢铵和浓硫酸反应在耐酸的塑料桶内进行。具体方法是:先将计算好的相当于3~4倍硫酸质量的水倒入塑料桶内,然后将称好的浓硫酸沿桶壁缓缓倒入水中,边倒边搅拌,以散发放出的热量。将稀释后的硫酸,每667平方米按10个塑料容器分装,放置高度为1.2米左右。然后将称好的碳酸氢铵平均分为10份,分别放入装有稀释硫酸的容器中。放入的速度不宜太快,10个容器可循环放入,全部放入以不少于15分钟为宜。第二天清除塑料桶内的残渣和沉淀物质,再按上述操作程序继续施放。

表5　每667平方米标准温室(1300米³)施放二氧化碳用料对照表

项　　　目		数　　　量				
反应物	浓硫酸(千克)	0.275	0.685	1.480	2.040	2.750
	碳酸氢铵(千克)	0.465	1.165	2.515	3.470	4.650
生成物	液态二氧化碳(千克)	0.240	0.600	1.300	1.790	2.400
	二氧化碳增加量(微升/升)	100	250	550	750	1000
	二氧化碳达到量(微升/升)	450	600	900	1100	1350

注:原温室内二氧化碳基础为350微升/升,如不是此量可另测定

应用碳酸氢铵和硫酸的反应产生二氧化碳,应注意的事项:①浓硫酸有强腐蚀作用,操作应小心,防止溅到皮肤上和衣服上。②浓硫酸稀释时会产生大量热能,应严格按要求缓缓将浓硫酸倒入水中,绝不能将水倒入浓硫酸中。③施用二氧化碳肥要自始至终进行,才能达到持续增产效果,一旦突然停止施用,辣椒往往会突然老化,产量显著下降。因此,应采用逐渐降低施放浓度或逐渐缩短施放时间的办法,直到停止施放,使植株逐渐适应环境条件。④施用二氧化碳气肥后要加强植株管理。⑤使用二氧化碳气肥,不影响正常通风。一般施放1小时,作物吸收完,即可正常通风。

三、辣椒无公害栽培施肥标准

(一)当前辣椒生产在施肥中存在的主要问题

近年来,我国蔬菜生产发展很快,辣椒露地和保护地种植面积都在逐年上升,不但满足了城市居民的需要,而且拓宽了农民致富的门路。但是,随着生产的发展,很多菜农受传统经验施肥的影响和对科学施肥要领掌握不好,因而在施肥管理上出现了一些亟待解决的问题。

1. 过量施用化肥 长期以来,在蔬菜生产中,农民一直沿用传统经验施肥的办法,缺乏足够的科学指导,误认为"施肥越多越增产",对化肥的施用量不计成本,盲目投肥,造成实际施肥量超过辣椒养分需要量的很多倍。这种做法虽在短期内能获得高产和一定的经济效益,但必然导致养分损失、资源浪费和环境恶化的后果。

在辣椒生产中,化肥的追施基本是采用随水追肥的方式,在大量施用氮肥的情况下,铵态氮肥虽然能被土壤胶体吸附,但吸附量有限,大量的铵离子将产生硝化作用,迅速转化成硝态氮而随水下渗,到达根系难以吸收的土壤深层。另外,硝态氮肥则由于土壤胶体不能吸收而极易随水大量流失,进入地下水,既造成养分损失,又污染了地下水源。

在辣椒保护地栽培中,如长期过量施用化肥,对作物本身和环境的危害比露地更为严重。由于保护地的特殊环境条件,过量施用化肥会造成土壤不同程度的盐渍化。保护地栽培的土壤含盐量可以高出露地几倍甚至十几倍。据北京、济南、南京、上海等地的测定表明,露地土壤 0~20 厘米土层的含盐量均小于 1 克/千克,而大棚为 1~3.4 克/千克,温室为 7.5~9.4 克/千克。由于土壤盐害的发生,致使温室 2~3 年后就出现生长障碍,塑料大棚约 5 年后即出现不同程度的生长障碍。受害初期,辣椒植株表现为生长矮小,产量下降;严重的不能生长,植株枯萎。土壤表层的盐渍化与过量施用化肥直接有关:一方面,植株吸收不完的养分大量残留在土壤中。春季由于地温低,作物的根系集中在表层,强烈的蒸腾作用和频繁的灌水使土壤水分蒸发量加大,因而造成土壤表层有大量盐分聚集;另一方面,由于棚室栽培的条件限制,土壤得不到雨水的充分冲洗,也加重了可溶性盐在土壤中的积累。所以,盲目施肥后患无穷,应引以为戒。

2. 氮、磷、钾养分比例失调 在辣椒生产中,正是因为土壤中养分比例不平衡,难以满足辣椒生长的需要,所以才需要通过合理施肥来协调养分比例,使之达到养分相对平衡,以满足辣椒生长的需求,从而达到高产、优质、高效的目的。但在实际生产过程中,不少菜农由于缺乏足够的科学指导,盲目施用肥料,往往偏施有机肥和化学氮肥,较少施用磷肥、钾肥和微量元素肥料,氮、磷、钾养分比例并不适合辣椒生长的要求,因而不但不能获得高产,而且也未能起到调节土壤养分的作用,反使土壤养分比例失衡。

辣椒属茄果类蔬菜,以果实为商品。它的生长发育特点是陆续开花,陆续结果,因此,在生产中要注意调节好营养生长和生殖生长的矛盾,才能获得好的收成。辣椒在生长过程中需要供应充足的氮、磷养分,如果氮、磷不足,不仅会导致花芽分化推迟,而且会影响花的发育。只有氮、磷供应充足时,才能保证其正常的光合作用,保持干物质持续增长。如生育前期缺氮,辣椒下部叶片易老化脱落,而生育后期缺氮,则导致开花数减少,坐果率低。但氮素过多,易造成营养生长过旺,开花晚,落花落果,果实膨大受影响。进入生殖生长期后,对磷的需求剧增,而对氮的需求量略减。因此,应注意适当增施磷肥,控制氮肥用量。钾肥供应充足,可使植株光合作用旺盛,促进果实膨大。

根据辣椒对养分的吸收趋势来看,它是属于高氮、中磷、高钾类型的蔬菜。如辣椒以吨产品计,其养分吸收量为氮 4.91 千克,五氧化二磷 1.19 千克,氧化钾 6.02 千克,其吸收比例为 1:0.2:1.2。由此可见,辣椒栽培要重视施磷、钾肥,并保证氮、磷、钾养分的平衡供应,才能获得高产优质。

3. 肥料品种选择不合理,施肥方法不当 施用挥发性强的氮肥如碳酸氢铵,施后必须及时覆土,防止氨的挥发损失。但有的菜农由于不了解肥料的特性,施用后不及时覆土,造成肥料损失。如在大棚或温室中碳酸氢铵的使用量过多,挥发氨浓度过高,会损伤辣椒叶片。

对复合肥的施用不合理。一些菜农认识到施用磷、钾肥的作用后,往往又盲目施用,使复合肥与单质肥的比例过大;还有的施用复合肥的比例较大,从而造成磷、钾肥资源的浪费。

为便于读者了解各种化肥的性质和施用方法,现将常用的一些化肥的成分、性质和施用技术要点列于表6,供大家参考。

表6 常用化肥的性质和施用技术要点

肥料名称	养分含量(%)	性质和特点	施用技术要点
铵态氮肥:			
碳酸氢铵	含氮 16.8~17.5	白色晶体,化学性质不稳定,易溶于水,吸湿性强,易分解、挥发,有强烈的氨味。湿度越大,温度越高,分解越快	贮存时要注意防潮、低温、密闭。施用时应深施(10 厘米左右)覆土,做基肥、追肥均可,但不可做种肥。不宜在保护地施用
硫酸铵	含氮 20~21	吸湿性小,是生理酸性肥料。易溶于水,作物易吸收	宜做种肥,做基肥、追肥亦可。施于石灰性土壤也应深施覆土,防止挥发。在酸性土壤中长期施用时,应配合施用有机肥或石灰

续表6

肥料名称	养分含量(%)	性质和特点	施用技术要点
氯化铵	含氮24~35	吸湿性小,是生理酸性肥料。易溶于水,作物易吸收	可做基肥和追肥,但不宜做种肥。盐碱地不宜施用
硝态氮肥: 硝酸铵	含氮34~35	吸湿性强,易结块,是生理中性肥料。无副成分,易燃。成分中虽有铵态氮素,但性质、特征属硝态氮肥类型。注意防潮,不要和易燃物同存一处,以免发生火灾	适用于各类土壤,但因吸湿性强,不宜做种肥
硝酸钙	含氮13~15	为钙质肥料,有改善土壤结构的作用。吸湿性强,是生理碱性肥料,贮存时应防潮	适用于各类土壤,但不宜做种肥,一般做追肥效果好
硝酸钠	含氮15	吸湿性强,是生理碱性肥料。易溶于水,作物易吸收。贮存时应防潮	适用于中性和酸性土壤,一般做追肥用,不宜做种肥,盐碱地不宜施用
酰胺态氮肥: 尿素	含氮44~46	有一定的吸湿性,长期施用对土壤无不良影响。在土壤中转化与土壤肥沃程度、湿度、温度等条件有关,温度高时转化快	适用于各类土壤。适宜做基肥,不宜做种肥。做根外追肥(如叶面喷肥)最理想
磷肥: 过磷酸钙	含磷12~18	粉状,灰白色,有吸湿性和腐蚀性,稍有酸味。所含磷酸大部分易溶于水,呈酸性反应。肥料中含有40%~50%的石膏,石膏不溶于水	可做基肥、种肥,尤以苗期效果好。如需做追肥,必须开深沟施于根系附近,地表施效果差。也可做根外追肥。适用于中性或碱性土壤,在酸性土中施用应配合施用石灰或有机肥料

续表6

肥料名称	养分含量(%)	性质和特点	施用技术要点
钙镁磷肥	含磷 14～18	灰绿色粉末,不溶于水,不吸湿,不结块,便于运输和贮藏。呈碱性反应,所含磷酸能溶于弱酸。在土壤中移动性小,不流失	适用于酸性土壤,一般做基肥用,施于根系附近。在石灰性缺镁土壤上施用,有明显效果。但肥效不如过磷酸钙
骨 粉	含磷 22～33 含氮 1～3	灰白色粉末,不吸湿	可做基肥,适合在酸性土壤中施用。在华北地区也可与有机肥料堆沤后施用。肥效较高
钾肥:			
硫酸钾	含钾 48～52	白色或淡黄色晶体,易溶于水,作物易吸收利用。吸湿性弱,是生理酸性肥料	可做基肥或追肥,但应适当深施,集中施用。追肥宜早,早期追施比晚期追施效果好
氯化钾	含钾 50～60	白色或粉红色晶体,易溶于水,作物易吸收利用,吸湿性弱,是生理酸性肥料	与硫酸钾基本相同,但不宜施于盐碱、涝洼地
草木灰	含钾 5～10	是含钾较多的农家肥。主要成分能溶于水,呈碱性反应。除含钾外,还有磷及各种微量元素	适用于各种土壤和作物,可做基肥或追肥,应开沟施入。为防止氨的挥发,不可将它与人粪尿或铵态氮肥混用
复合肥料:			
磷酸铵	含氮 12～18 含磷 46～52	有吸湿性,吸湿后有一定的挥发	含磷量比含氮量高,应注意补充氮素。适用于各类土壤和作物,可做基肥。如做追肥宜早施。做种肥时不能与种子直接接触,且用量要少

续表6

肥料名称	养分含量(%)	性质和特点	施用技术要点
磷酸二氢钾	含磷(P_2O_5)23 含钾(K_2O)29	吸湿性较小	价格昂贵,目前多用于根外追肥或浸种,喷施浓度为0.1%~0.3%,浸种浓度为0.2%
硝酸钾	含氮13 含钾46	吸湿性小,不易结块。氮、钾比例为1:3.5,是以钾为主的复合肥料	多用于作物生长后期补钾的根外追肥,浓度为0.6%~1.0%
氮磷钾混合肥	含氮15 含磷15 含钾15	灰白色颗粒,吸湿性小	应做基肥施用,不足的氮素可用单质氮肥以追肥方式补充

(二)辣椒平衡施肥中确定施肥量的方法

施肥技术一般包括施肥种类、施肥数量、养分配比、施肥时期、施肥方法等内容,每项内容均与施肥效果有关。因此,施肥效果是施肥技术的总体反应。在各项施肥技术中,施肥量是合理施肥的核心。如果施肥量确定不合理,其他各项技术就失去了意义。

在辣椒生产中,通常存在氮肥施用过量,施肥养分比例失衡的问题。因此,不仅造成肥料浪费和利用率下降,而且造成果实和环境污染,并直接影响到菜农的经济收入。为此,用科学方法确定施肥量,是解决上述问题的关键。

1. 以目标产量法计算施肥量 施肥量的确定是一个复杂的问题,它涉及到肥料种类、土壤肥力状况、产量水平、施肥时期以及气候条件等因素。确定施肥量的方法有许多种,以下仅介绍联合国粮农组织推荐的一种方法,即目标产量法,供大家参考。

目标产量法是目前国内外确定施肥量最常用的一种方法。该法是以实现作物目标产量所需养分量与土壤供应养分量的差额作为确定施肥量的依据,以达到养分收支平衡。因此,目标产量法又称养分平衡法。其计算公式如下:

$$F = \frac{(Y \times C) - S}{N \times E}$$

式中,F 为施肥量(千克/公顷),Y 为目标产量(千克/公顷),C 为单位产量的养分吸收量(千克),S 为土壤供应养分量(千克/公顷)[等于土壤养分测定值×2.25(换算系数)×土壤养分利用系数],N 为所施肥料中的养分含量(%),E 为肥料当季利用率(%)。

参数的确定如下:

(1)目标产量(千克/公顷) 以当地 3 年平均产量为基础,再加 10%～15%的增产量为目标产量。

(2)单位产量的养分吸收量(千克) 指蔬菜形成每一单位(如每 1 000 千克)经济产量,从土壤中吸收的养分。根据试验得出,辣椒每 1 000 克商品菜(果实)所需养分总量为:氮 3.5～5.4 千克,磷0.8～1.3 千克,钾 5.5～7.2 千克。

(3)土壤养分测定值 菜地土壤有效养分的测定值,最好能用土壤养分分析仪(市场有售)实地测定。如没有条件进行实测,可参照表 7,表 8 确定。

表 7 菜田露地土壤肥力分级表

肥力等级	菜地土壤养分测试值				
	全 氮 (%)	有机质 (%)	碱解氮 (mg/kg)	磷(P_2O_5) (mg/kg)	钾(K_2O) (mg/kg)
低肥力	0.07～0.10	1.0～2.0	60～80	40～70	70～100
中肥力	0.10～0.13	2.0～3.0	80～100	70～100	100～130
高肥力	0.13～0.16	3.0～4.0	100～120	100～160	130～160

表8 菜田保护地土壤肥力分级表

肥力等级	菜田土壤养分测试值				
	全　氮（%）	有机质（%）	碱解氮（mg/kg）	磷（P₂O₅）(mg/kg)	钾（K₂O）(mg/kg)
低肥力	0.10~0.13	1.0~2.0	60~80	100~200	80~150
中肥力	0.13~0.16	2.0~3.0	80~100	200~300	150~220
高肥力	0.16~0.20	3.0~4.0	100~120	300~400	220~300

（4）2.25是个换算系数　是将土壤养分测定单位（毫克/千克）换算成千克/公顷的换算系数。因为每公顷0~20厘米耕层土壤重量约为2 250吨，将土壤养分测定值（毫克/千克）换算成千克/公顷计算出来的系数。

（5）土壤养分利用系数　为了使土壤测定值更具有实用价值（千克/公顷），应乘以土壤养分利用系数进行调整。在中、高等土壤肥力的条件下，辣椒的土壤养分利用系数约为：碱解氮0.36~0.74，速效磷0.26~0.51，速效钾0.47~0.55。

（6）肥料中的养分含量　一般化学氮肥和钾肥成分稳定，不必另行测定。而磷肥尤其是县级磷肥厂生产的磷肥往往成分变化较大，必须进行测定，以免计算出的磷肥用量不准确。

（7）肥料当季利用率　肥料利用率一般变幅较大，主要受作物种类、土壤肥力水平、施肥量、养分配比、气候条件以及栽培管理水平等影响。目前，氮、磷、钾肥的平均利用率分别按35%、10%~15%、40%~50%计算。

以上计算出的是施肥总量，但在实施中必须坚持化肥与有机肥料配合施用的原则。因此，化肥施用量应适当减少。

辣椒常规栽培施肥量可参照表9。扣除基肥部分后，分多次随水追施。土壤微量元素缺乏的地区，还应针对缺素的状况增加追肥的种类和数量。

表 9   辣椒栽培推荐施肥量

肥力等级	目标产量 (千克/667平方米)	推荐施肥量(千克/667平方米)		
		氮(N)	磷(P₂O₅)	钾(K₂O)
低肥力	2000～2500	19～22	7～10	13～16
中肥力	2500～3000	17～20	5～8	11～14
高肥力	3000～4000	15～18	3～6	9～12

2. 辣椒平衡施肥中应注意的几个问题

(1)以施用有机肥为基础   平衡施肥必须要以有机肥为基础,尤其是新菜地的建设更应如此。在实施中必须根据辣椒生长发育的特点,结合当地土壤肥力,确保做到有机肥与化学肥料配合施用。这是因为有机肥料和化学肥料是两类不同性质的肥料(表10)。有机肥的优点是化肥所没有的,而化肥的优点正是有机肥的缺点。只有两者配合施用,才能取长补短,充分发挥肥效。

表 10   有机肥料与化学肥料性质和特点的比较

有 机 肥 料	化 学 肥 料
1. 含有一定数量的有机质,有显著的改土作用	1. 不含有机质,只能供给矿质养分,没有直接的改土作用
2. 含养分种类多,但养分含量低	2. 养分含量高,但养分种类比较单一
3. 供肥时间长,但肥效缓慢	3. 供肥强度大,肥效快,但肥效不持久
4. 既能促进作物生长,又能保水保肥,有利于化学肥料发挥作用	4. 虽然养分丰富,但某些养分易挥发、淋失或发生强烈的固定作用,降低肥效

(2)目标产量法计算施肥量应考虑有机肥数量和质量   目标产量法计算得到的施肥量,是按获得一定产量计算出来的施肥总量,但是在实际生产中常需要施用一定数量的有机肥料。如施用

的有机肥料数量多,质量又好,就应在计算化肥施用量中适当扣除一部分养分量才比较合理;如果施用的有机肥数量少,质量较差,在计算化肥施用量中则可忽略不计。

(3)根据具体情况调整施肥量 按目标产量法计算出来的施肥量是辣椒整个生育期所需肥料的总量,但辣椒在不同生育期对土壤肥力需求不同。生育前期生长量小,在底肥充足的情况下,一般可以满足植株生长的需要,但到辣椒盛果期,植株需肥量增大,如不增施一定量的肥料,辣椒虽能开花坐果,但因生长慢,坐果少或果实不能充分膨大而导致减产,影响产值。因此,应根据植株生长的具体情况调整施肥量。

(4)注意土壤养分含量的变化,调整施肥配方 确定辣椒平衡施肥方案是以土壤养分测定值为依据的。通过施肥,除了大部分养分被作物吸收外,还有一部分养分,尤其是氮、磷、钾会在土壤中积累,从而提高了土壤养分的含量水平。因此,需要定期利用土壤养分分析仪进行土壤养分测定,注意土壤养分含量的变化情况,以便调整施肥配方。

当然,对每块地,每茬辣椒都进行土壤养分测定是不可能的,也没有必要。原则上,应对种植面积比较大的地块进行不定期的跟踪土壤测定,以便了解土壤养分的动态变化;也可以通过总结对比、综合分析,判断不同地块的肥力等级,对施肥方案不断作出经验性判断和修正,使之更加符合实际生产情况。

(三)生产无公害辣椒的施肥技术

1. 施用充分腐熟的有机肥 按我国菜农的传统种植习惯,一贯重视有机肥的施用。这对提高菜地土壤肥力和促进辣椒的高产起了很大的作用,因为有机肥有着化肥不可替代的优点,只有两者配合施用才能取长补短,充分发挥肥效。但生产无公害辣椒施用有机肥,必须注意无害化处理,以防止商品菜的生物污染。

(1)禽畜粪便需经堆肥化处理 禽畜粪便含有大量的有机质和较高的营养元素,是菜地很好的有机肥源。但是它也含有大量虫卵和病菌,不经处理就直接施用不但极不卫生,而且对辣椒的生长也有害。所以,必须对其进行堆肥化处理,即在人工控制下,在一定水、碳氮比和通风条件(好气)下,通过微生物的作用,特别是高温纤维分解细菌所产生的高温(70℃),可达到杀灭粪便中的病菌和虫卵的目的。

(2)人粪尿需经无害化处理 我国菜农(尤其是南方菜农)素有利用人粪尿加水制成粪稀用于追肥的习惯。它的好处是能充分利用当地肥源。但如处理不当就会造成不同程度的生物污染。粪便无害化处理的方法有:①高温堆肥处理粪便。利用微生物活动产生的高温达到杀灭粪便中的病菌、病毒和寄生虫卵的目的。②人粪尿嫌气发酵。人粪尿在密闭的条件下发酵所造成的嫌气环境和产生的大量氨都不利于粪便中病菌和虫卵的生存。粪尿混合密封贮存是我国南方农村普遍应用的一种方法。③药物处理粪便。一般可采用在粪便中加入化学药物进行处理,如加入敌百虫、氨水或石灰氮等。

2. 严格控制化肥的施用量,实施氮、磷、钾平衡施肥 根据2001年农业部颁发的无公害食品行业标准,无公害茄果类蔬菜卫生指标中规定,辣椒果实中亚硝酸盐含量≤4mg/kg(见附录)。实践证明,经济合理地施用化肥,尤其是控制氮肥的施用量,是降低辣椒果实中硝酸盐含量的关键措施。有研究者提出,每667平方米施20千克氮,是氮肥施用量的临界值。如果超过这个临界值,则产品中的硝酸盐含量就有超标污染的可能。辣椒栽培推荐施肥量(扣除基肥部分)可参考表7。

不同氮肥种类,对蔬菜体内硝酸盐含量的积累也有差异。施用硝态氮肥比施用铵态氮肥更易在植株体内积累硝酸盐。所以有些地方标准规定,在蔬菜上禁用硝态氮肥。但在实际生产中又往往是硝态氮比铵态氮肥增产效果更好,故从产量和品质两方面综合考虑,氮肥品种以铵态氮与硝态氮各半的硝酸铵为最佳。有研究认为,氯化铵和硫酸铵比其他氮肥品种能明显降低产品中硝酸盐的积累。所以在选择氮肥种类时,不能单一的使用硝态氮肥。

除了控制氮肥施用量以外,实施氮、磷、钾平衡施肥也是降低蔬菜产品中硝酸盐含量的有效措施之一。过量施用氮肥,固然会使蔬菜产品中硝酸盐含量超标,但土壤缺磷也会间接促使硝酸盐在植物体内积累,这是因为缺磷会使植物体内碳水化合物的运输受阻,导致蛋白质合成减少,致使硝酸盐(含氮化合物类物质)在植株体内积累。此外,增施钾肥也能促进蛋白质的合成,同时具有减少蔬菜体内硝酸盐含量的作用。

从追施氮肥到产品收获间隔的时间,对蔬菜体内硝酸盐含量的影响也很大。两者之间间隔时间越短,则植株体内硝酸盐含量就越高。这是因为蔬菜吸收的氮素,无论是硝态氮还是铵态氮,都需要一个转化时间,形成氨基酸和蛋白质以后,体内硝酸盐含量自然就降低了。有研究认为:追施氮肥后8天为蔬菜上市的安全期。有的地方标准则规定,在蔬菜收获前30天内禁止施用化学氮肥,但在国家标准中尚未有此规定。不同蔬菜作物由于其食用部分不同,收获方式也不同,对一次性收获的蔬菜可以有时间规定,但对茄果类蔬菜这种陆续开花、陆续坐果、陆续采收的作物,则比较困难。但也应注意追施氮肥的时间不能和收获时间相隔太近,应尽可能在前一次采收后及时追肥,和后一次采收应间隔较长的时间。

3. 禁用城市垃圾、工业废渣、未经处理的污泥和工业污水灌溉 随着现代工业的迅速发展,工业废渣和城市垃圾日益增多,特别是污水灌溉菜田的面积不断扩大。而这些工业废渣、城市垃圾和工业污水中含有大量的重金属,长期使用必然造成严重的土壤污染。有调查表明:保定市郊污灌30年的菜园土壤中,有机质、全氮、全磷、速效性氮磷养分含量均较清灌区土壤有明显增加,但污灌区土壤重金属(铅、镉、汞)含量比清灌区也有明显增加。可以预料,一旦土壤被污染,污染区的重金属元素就会在蔬菜植株体内有一定程度的积累,人们食用后,其后果是极其严重的。

污泥必须经处理后才能用于菜田。污泥是污水经生化处理后的固体废物,它的成分复杂,既含有大量的有机物质和各种营养元素,也含有一定量的病菌、寄生虫卵、重金属以及某些难以分解的有毒物质。因此,它虽是理想的土壤改良剂和肥料,但如施用不当,其中的有毒成分和重金属会在土壤中积累,当达到一定数量后,就会危害农作物,或通过食物链危害人体健康。为了保证商品菜的卫生品质,不能直接施用污泥,必须经处理后才能施用。处理污泥的主要方法有消化处理法和高温发酵法等。处理后的污泥既能提高肥效,又可减少残毒。施用污泥时,要注意污泥不得施用于pH < 6.5 的酸性土壤上,因为污泥中的重金属锰、镉、铬、铅等在酸性土壤中溶解度最大,污染最重。此外,还应注意控制施肥总量,即控制每年施用总量和连续施肥年数。

第七章 无公害辣椒病虫害防治

一、无公害辣椒病虫害防治的原则

无公害辣椒病虫害防治应按照"预防为主,综合防治"的植保方针,坚持以"农业防治、物理防治、生物防治为主,化学防治为辅"的无害化控制原则。

(一)辣椒病虫害的农业防治措施

农业防治就是根据"预防为主,综合防治"的植保方针,采用优化农田管理措施防治病虫害。如通过选用抗病品种、培育适龄壮苗、提高抗逆性、实行轮作换茬、加强肥水管理、清洁田园等措施,消灭、避免或减轻病虫害的发生。

1. 选用抗病品种 辣椒的品种很多,其抗病能力有较大的差异,在生产过程中,要针对当地辣椒生产中病虫害发生的规律和类型,选用适合当地栽培、具有较强抗病性的品种。目前,各种类型的辣椒,无论是甜椒还是辣椒,适于鲜食或干制的,都已培育出了很多具有较强抗病性的品种,在生产上已产生了良好的效果。但就总体而言,目前高抗品种较少,尚无免疫的品种。将来,可望通过基因工程等先进的育种手段,培育出高抗或免疫的专用品种。

2. 实行严格轮作制度和间作套种 在蔬菜生产上,一般都不宜采取连作或单作制度。辣椒生产必须严格实行与非茄科作物轮作 3 年以上。因为连作不仅从土壤中吸收大量相同的养分,破坏养分平衡,降低土壤肥力和作物的抗逆性,而且还为病虫害的滋生提供适宜的环境条件和营养来源,有利于病虫害的发生和流行。

合理的轮作换茬,不仅使土壤养分得到均衡利用,植株生长健康,抗病能力增强,而且还可以切断专性寄主和单一的病虫食物链,也能使生态适应性窄的病虫因条件恶化而难以生存、繁衍,从而改善菜田生态系统。如近年来各地发生较为严重的辣椒疫病,是一种土传病害,在连作的条件下会大量发生,而实行轮作,这种病害的发生就明显减轻,甚至不发生。有条件的地方,如能实行水旱轮作,如海南省在水稻收获后种植辣椒,效果很好。

合理提高复种指数,实行间套作,也是防治辣椒病虫害的一项有效措施。这不但可以提高土地利用率,增加单位面积产量,而且当不同作物间作时,由于它们根系的分泌物不同,分泌物内含有糖类、有机酸、维生素型化合物以及生长激素等,不同的分泌物能起到互相促进或抑制的作用,有利于作物群体之间互补,对于克服由于连作造成的病虫害具有很好的防治效果。如辣椒和搭架豆类、瓜类间作,棚架可遮挡一部分炎热季节过强的阳光,对辣椒起到遮荫、降温、防干旱的作用,从而减轻病害的发生。在南方早熟辣椒可套种芋头,辣椒可充分利用前期的阳光和空间,吸收上层土壤的养分,而芋头又可利用中后期的阳光,吸收土壤底层的养分,辣椒收获后,土壤可翻向两边的芋头沟中做培土,操作简便。因此,各地可根据当地实际情况,选择不同的蔬菜或粮食作物和辣椒进行间作。但辣椒进行间套作时,应注意选择不同科的蔬菜作物种类,以利于抑制和防治病虫害的发生,而辣椒与茄子、番茄、马铃薯等同科作物间套作,则会加剧病虫害的发生,应注意避免。

3. 深沟高畦,覆盖地膜 辣椒露地或保护地栽培适宜采用深沟高畦的栽培方式,因为深沟高畦栽培可以有效地防止浇水积水或雨后田间积水,而且土壤表层容易干燥,田间小气候相对湿度较低,不利于病害的发生;可以加厚土层,提高土壤的透气性,有利于辣椒根系生长;干旱时,在沟内浇水,水沿土壤毛细管上升,既能保证辣椒生长所需的水分,又能保持土面比较干燥、疏松,可以创造适宜辣椒根系生长的环境条件;同时又能增强地上部的通风透光能力,可以有效地减少病虫害的发生。因此,只要不是漏水非常严重的沙土地,应尽量实行深沟高畦栽培。

覆盖地膜具有深沟高畦栽培的同样优点。尤其在辣椒保护地栽培中,棚室内空气湿度大,容易发生病害,如果覆盖地膜,可明显减少土壤水分蒸发,降低棚室内空气湿度,因而能减少病虫害的发生。

4. 培育壮苗,提高抗逆性 俗话说:"苗好三成收"。培育壮苗,是辣椒取得高产的关键。在多年种植蔬菜的老菜地上进行育苗,容易发生猝倒病、立枯病等苗期病害,如果采用无土育苗(具体方法见辣椒栽培技术部分)或客土(较洁净的非菜园土)育苗,可以有效地减轻苗期立枯病和猝倒病害的发生。利用营养钵或营养土方育苗,便于培育壮苗,并能保护幼苗根系在定植时少受伤害,定植后缓苗快,植株生长健壮,可增强对病虫害的抵御能力。

幼苗定植前,一定要喷1次药,并淘汰病苗,以保证定植到田间的幼苗都是无病虫害的健壮苗。

5. 合理密植,及时支架打杈 病虫害的发生需要一定的外部环境条件,如温度、光照、湿度等。在田间,这些环境因素都会受植株群体结构的影响,形成独特的小气候。对群体小气候起主导作用的是群体密度,当植株密度过大时,形成郁闭,通风透光差,湿度大,光照不足,使辣椒光合作用下降,植株徒长,茎叶柔嫩,生长不良,有利于病菌的侵染和虫害的发生。在无公害辣椒栽培中,从生产上必须创造有利于辣椒个体生长健壮,提高自身抗病虫能力的群体结构,以提高产品的质量。在生产上,一定要克服片面利用增加密度追求高产的做法。尤其是在辣椒保护地生产中更需注意这一点,因为在保护地内高温、高湿和相对密闭的环境中,本身就容易引起植株徒长和病虫害的发生。通过适当稀植,使光能在各个层面上合理分配,提高植株的光合能力,使植株个体生长得到充分发挥,生长健壮,从而增强对病虫害的抵御能力;也增加了行间、株间的气流传导,降低群体的空气湿度,形成一个病虫不易侵害的环境条件。植株也不能过稀,过稀则会影响产量。因此,要合理密植,密度要适宜,株行距配置要合理。

在辣椒生长的中、后期,尤其是一些株型高大的品种,要及时整枝,去除弱枝和下部老叶;在保护地内,植株高大,则需要支架,防止植株倒伏,增强群体内的通风透光。如茎不能直立,任其倒地生长,植株群体内郁闭,通风透光差,湿度大,植株细嫩,抵抗病虫能力差,则发病率明显上升。所以,在辣椒保护地生产中,要尽量用支架或吊蔓栽培。

6. 清洁田园 田埂、沟渠和地边的杂草是很多病虫的滋生地和寄主,应尽量清除,以减少病原菌和虫卵。另外,病毒病多由蚜虫、白粉虱传播,它们多在沟渠、田埂和地边的杂草上越冬,早春气温回升后大量繁殖,并向田间蔓延,传播病毒病等病害,危害辣椒生长。因此,清洁田园,消灭杂草,就可以消灭越冬病虫的寄生场所,从而减少病虫害的发生。

7. 合理的肥水管理 合理的肥水管理措施,能使辣椒植株生长健壮,增强对病虫害的抵抗能力。具体的肥水管理措施可参照本书第三章有关内容。

(二)辣椒病虫害的物理防治措施

物理防治,即利用各种物理、机械措施防治病虫害。如利用遮阳网抑病防虫、人工诱捕害虫、高温杀灭土壤和种子所带的病虫、覆盖银灰色地膜驱避蚜虫等。

1. 纱网覆盖栽培 夏季辣椒露地栽培覆盖纱网,可起到防虫、遮阳、降温、增产和提高品质的作用。纱网是用塑料丝编织而成,孔隙的大小一般为 30～40 目,在日本和我国台湾省等地已广泛用于各种蔬菜的生产,在我国大陆也有少量应用,但多数是用来做作物制种时防止昆虫传粉的隔离网。

中国农业大学园艺学院的研究表明:辣椒纱网覆盖栽培后的生态环境条件有利于辣椒植株的生长发育。在辣椒定植后的缓苗期(5月初),纱网覆盖可提高地表温度1℃~2℃,有利于辣椒缓苗。而在炎热的夏季又具有降低土壤温度的明显作用,外界温度越高,降温效果则越显著,在夏季中午降温效果最为明显,地表、地下5厘米、10厘米、20厘米的土温分别比露地降低3.6℃、3℃、2.7℃和1.4℃。所以,纱网内的地温更适合辣椒根系的生长,提高了辣椒根系的吸收和合成能力,从而促进了植株的生长。纱网覆盖还可降低光照强度。与其他茄果类蔬菜相比,辣椒属于耐弱光蔬菜,而我国夏季中午的光照强度,已经大大超过了辣椒的光饱和点。过强的光照会抑制植株的生长,这主要是因为强光抑制了光合作用,增强了光呼吸,导致净光合速率降低,使同化产物合成减少。而适度遮光可提高植株的光合速率,增加有机物的积累,提高产量。试验还表明:辣椒纱网覆盖栽培不仅能增加产量,还显著提高了辣椒果实的单果重,果实大,商品性状好。因此,辣椒纱网覆盖栽培不仅能防虫防病,而且更为重要的是由于覆盖后田间生态条件的改变,促进了辣椒植株的生长发育,为抵抗病虫害和高产打下了良好的基础。这是一种很有发展前途的栽培方式。

辣椒纱网覆盖具有明显的经济效益,可增产30%~50%。纱网覆盖的成本是每667平方米1 600元左右,一般可正常使用7年,平均每年增加开支不到250元。可见,进行辣椒纱网覆盖栽培,可取得明显的经济效益。

值得注意的是,在进行辣椒纱网覆盖栽培时,其效果会因地理位置的不同而有差异。南方春季连阴雨天多,应注意覆盖时间不能过早。

2. 人工清除田间中心病株和病叶 当田间出现中心病株、病叶时,应立即拔除或摘除,防止传染其他健康植株,保护地栽培尤其须注意这个问题。也可用药喷施中心病株及周围的植株,对病害进行封锁控制,以防止病害蔓延。

3. 诱杀与驱避 ①灯光诱杀。灯光诱杀是利用害虫趋光性进行诱杀的一种方法。如利用黑光灯可以诱杀300多种害虫,而且诱杀的多是成虫,效果很好。在灯光下需放一盛药液的容器,害虫碰到灯落入容器内,就会被淹死或毒死。用于光诱杀害虫的灯包括黑光灯、高压汞灯、双波灯等。近年来,研制开发的频振杀虫灯,具有选择杀虫性,既可诱杀害虫,又能保护天敌,应大力推广。②食饵诱杀。用害虫特别喜欢食用的材料做成诱饵,引其集中取食而消灭之。如利用糖浆、醋诱蛾,用马粪、麦麸诱集蝼蛄等。这些方法在我国农村应用广泛。③色板诱杀。在辣椒保护地栽培中,可在棚室内放置一些涂上粘液或蜜液的黄色板诱蚜,使蚜虫、白粉虱类害虫粘到黄板上。一般每30～40平方米放置一块色板较适宜。

4. 高温消毒 ①种子高温消毒。有一些病虫害是通过种子传播的。播种前,对种子进行高温消毒可有效地杀死种子所带的病菌和虫卵。具体做法是对种子进行温汤浸种(见栽培技术的种子温汤浸种部分)。②土壤高温消毒。这是克服日光温室连作障碍最行之有效的方法之一。高温消毒可以杀死土壤中的有害生物,既可灭菌,也可以消灭害虫和虫卵。大多数土壤病原菌经60℃消毒30分钟即可杀死,但烟草花叶病毒和黄瓜花叶病毒等病毒则需要90℃蒸汽消毒10分钟。多数杂草种子则需要80℃左右消毒10分钟才能杀死。须注意的是,高温消毒在消灭有害生物的同时,如掌握不当也会影响有益微生物,如铵化细菌、硝化细菌等。因此,一定要掌握好消毒的温度和时间。高温消毒省时省工,无需增加任何成本。有条件的地方,可以用蒸汽消毒。具体做法是:将待消毒的土壤疏松好,用帆布或耐高温的塑料膜覆盖在待消毒的土壤上面,四周要封密,将高温蒸汽输送管放置在覆盖物下,每次消毒的面积与锅炉的大小及消毒能力有关。要达到较好的消毒效果,每平方米土壤每小时需要 50 千克的高温蒸汽。具体消毒方法和高温蒸汽的用量要因土壤消毒深度、土壤类型、天气状况、土壤的基础温度而定。没有条件用蒸汽消毒的,可在夏季高温时闷棚消毒,即在盛夏收获作物后,浇透水,扣严大棚,利用太阳能提高棚室温度,消毒处理 1 周。

(三)辣椒病虫害的生物防治

1. 天敌的利用　天敌是自然界中天然存在的能抑制害虫生存繁衍的生物。广义的天敌概念包括昆虫、螨类、蜘蛛、蛙类、蜥蜴、鸟类及微生物天敌资源,它们各自在不同的生境、不同的季节对害虫的虫态发挥着各自独特的抑制作用,成为田间生态系统中不可忽视的一类重要自然因子。在稳定的生态系统(如原始森林)中,天敌与害虫形成较稳定的相互制约的平衡关系,一般不会出现害虫猖獗成灾的情况;在不稳定的生态系统中,如菜田打药、施肥、灌水等人为干扰因素下,生态变化剧烈,天敌不易定居和繁衍,而且易遭杀害,天敌不能对害虫形成稳定的抑制态势,造成两者在数量上失衡。在这种情况下,如人为地向田内补充释放天敌,助增天敌种群数量,迅速提高对害虫的寄生率或捕食率,将其控制到经济允许水平之下,不仅是无污染的生物防治方法,而且在田内不使用杀伤天敌的措施,有助于及早恢复生态平衡。由于天敌以害虫为寄主、食料,随其发展而发展,呈"跟踪现象"。如在害虫发生早期,数量少时,应及时补充天敌,并不需要很大数量,使天敌在害虫猖獗之前即已形成控制状态,可收事半功倍之效。因此,人工大量繁殖和利用天敌,是生防工作的重要领域,并在一些害虫的防治上确实起到了很好的防治作用。目前人类大量繁殖的天敌种类多达150 种以上,全世界的"天敌公司"已达 200 多家,生产和销售 130多种天敌。我国在 20 世纪 70 年代温室白粉虱大发生时,曾从英国引进丽蚜小蜂,并人工繁殖成功,用于生产取得了较好的防治效果。目前,辣椒生产中防治害虫,常用的天敌主要有以下两种。

(1)赤眼蜂　赤眼蜂可用于防治辣椒棉铃虫和烟青虫。赤眼蜂的成虫交配后,雌蜂寻找寄主,将产卵管刺入害虫卵内,将卵产入其中。成虫在寄主卵内羽化,将寄主卵壳咬成圆孔爬出,展翅后交配并飞散到田间搜索寄主,繁殖后代。

释放赤眼蜂是针对害虫所产的卵加以寄生消灭,所以放蜂前必须通过田间调查,掌握害虫在辣椒上发生的时间及产卵期、产卵量,这是放蜂治虫取得成功的前提。放蜂时的天气状况也很重要,最适赤眼蜂活动和寄生的温度为 23℃ ~ 28℃,空气相对湿度为70% ~ 80%。高温(> 30℃)、干旱(空气相对湿度 < 40%)、大风、暴雨、暴晒等气候条件均不利于放蜂。

天敌公司出品的蜂卡每张可羽化出蜂 1 500 头左右。蜂卡应挂放在辣椒植株背阴面的枝叶上,避免阳光直晒,但不要离地面太近,否则,在赤眼蜂羽化过程中,容易受到蚂蚁、蜘蛛等捕食,使产蜂量受到损失。挂放的时间应避开中午高温暴晒时间(在 38℃ ~40℃高温下,赤眼蜂只能存活几小时)。赤眼蜂成虫在田间的寿命一般为 3 ~ 5 天,而害虫的产卵期一般较长,所以,为了使害虫产卵期均有赤眼蜂在寄生,必须将赤眼蜂分批释放。每次放蜂间隔3 ~5 天。放蜂量应根据田间害虫产卵规律而定。在害虫产卵初期,数量少,每 667 平方米放蜂量以 0.5 万 ~ 1 万头为宜;产卵盛期应加大放蜂量,每 667 平方米以 1.5 万 ~ 2 万头为宜;产卵末期,因早期放蜂在田间寄主卵内产的卵可能已完成发育,自然增殖出蜂,所以放蜂量应适当减少,每 667 平方米以 1 万 ~ 1.5 万头为宜。放蜂点的距离应为 8 ~ 10 米,即每 667 平方米均匀设置放蜂点 8 ~ 10个,在风力较强时,上风口应多设放蜂点。

由于赤眼蜂易于生产,价格低廉,往往被当作农药来使用。但实际上,每 667 平方米释放到 3 万头以上,蜂量再大,其效果差异也不明显。赤眼蜂应在害虫发生初期释放,而不能在害虫已经大暴发的情况下应用。在害虫大发生的情况下,即使赤眼蜂的寄生率达到90%以上,残余害虫的绝对数量仍可以造成损失。

(2)丽蚜小蜂 丽蚜小蜂用于防治辣椒温室或大棚生产中的白粉虱。丽蚜小蜂羽化后取食白粉虱分泌的蜜露或者虫体液作补充营养,可延长寿命。在适温(26.7℃)条件下,其寿命可达20天以上。客户从天敌公司买到的商品丽蚜小蜂,是尚未羽化出蜂的"黑蛹",一般每一张商品蜂卡上粘有1 000头"黑蛹",可供30~50平方米温室防治白粉虱使用。

应用丽蚜小蜂防治白粉虱是否成功的关键首先是控制好温室的温度。丽蚜小蜂的发育适温较高,而温室白粉虱的适温较低。在较高温(27℃)条件下,丽蚜小蜂的发育速率比白粉虱大1倍,而在较低温(18.3℃)条件下,白粉虱的发育速率比丽蚜小蜂大9倍。因此,在温室内必须营造有利于丽蚜小蜂而不利于白粉虱的温度环境,才能使丽蚜小蜂始终处于发育繁殖的优势,发挥长期抑制白粉虱的作用。这一点在加温温室中比较容易做到,而在日光温室或塑料大棚内较难成功。为此,我国已从美国引进了耐低温的丽蚜小蜂品系,有望应用于日光温室中。其次,丽蚜小蜂应在白粉虱发生初期应用,害虫量极少时,释放一定数量的成蜂,可形成寄生蜂与白粉虱种群之间一直维持低密度的平衡状态,而不能在白粉虱严重发生的温室中把丽蚜小蜂当作速效的农药使用。因此,对采用丽蚜小蜂的温室,应事先使用对寄生蜂无害的农药(如扑虱灵、灭螨猛等),把白粉虱基数压到0.5头/株以下。如果在移栽前,选用"清洁温室"定植"无虫苗",则更能为丽蚜小蜂的应用奠定成功的基础。温室内的温度应控制在20℃~35℃之间,夜间不低于15℃,日平均温度为25℃,放蜂量以每株5~20头为宜。每隔7~10天放蜂1次,连续放蜂3~4次。

2.农用抗生素的利用 农用抗生素是微生物的代谢产物,一般由发酵获得,可用于防治辣椒病虫害,效果良好。在辣椒上常用的农用抗生素有以下几种:①岭南霉素。低毒制剂,可防治辣椒病毒病。②农用链霉素。低毒制剂,可用于防治辣椒疮痂病、细菌性叶斑病、软腐病和青枯病等。③新植霉素。可防治辣椒疮痂病、细菌性叶斑病和软腐病等。

3. 植物源杀虫剂 从 20 世纪中期起,一些国家就开始从植物中寻找对害虫起抑制作用而对人类无害、不污染环境的特异性物质。全世界对几千种植物进行了大量的提取、测试、分析工作,迄今为止开发最为成功的当属从印楝中提取的印楝素。它对高等动物无害,对天敌安全,不污染环境,有利于生态平衡。它不易产生抗药性,防治害虫的范围广,所以是生产无公害蔬菜首选的杀虫剂。对辣椒棉铃虫、烟青虫、螨类的防治均有较好的效果。

(四)辣椒病虫害的化学防治

众所周知,蔬菜上的公害主要来自农药和化肥。比较完美和简单的一种设想就是不用化学农药,这在理论上是可能的。但受经济社会多方面的限制,不用化学农药而获得丰收,并非那么简单和容易。如果在防治病虫害时主要采取农业防治、生物防治和物理防治等措施,在生产中所花费的成本是十分昂贵的,能消费得起的人较少,即使是在发达国家,不用化肥的蔬菜比例大约不超过蔬菜总量的 5%。大多数的蔬菜在生产中还是要使用农药,但是在使用品种、剂量和时间上有一定的限制,使其控制在对人体健康不致造成影响的范围以内。"绿色食品"有两个标准,通常将有限制的使用农药称为 A 级标准,而将完全不使用农药(还包括化肥)的称为 AA 级标准。我国当前是在生产以 A 级标准为主的无公害蔬菜,所以做好农药使用的控制十分重要。

1. 无公害辣椒生产中禁用的农药 生产无公害辣椒,首先要了解哪些农药是生产中禁用的。农业部 2001 年 9 月颁发的行业标准中规定,在蔬菜上不能使用高毒高残留农药,农药种类包括杀虫脒、氰化物、磷化铅、六六六、滴滴涕、氯丹、甲胺磷、甲拌磷(3911)、对硫磷(1605)、甲基对硫磷(甲基1605)、内吸磷(1059)、苏化203、杀螟磷、磷胺、异丙磷、三硫磷、氧化乐果、磷化锌、克百威、水胺硫磷、久效磷、三氯杀螨醇、涕灭威、灭多威、氟乙酰胺、有机汞制剂、砷制剂、西力生、赛力散、溃疡净、五氯酚钠等和其他高毒高残留农药。

为了确保农药的使用安全,除了考虑农药的毒性外,还要对其在辣椒上的允许使用次数、最高残留量和安全间隔期作出规定。所谓最高残留量,即指上市时辣椒中允许的残留农药有效成分的剂量,在上市时,辣椒果实中的农药残留必须控制在这个标准以下。所谓安全间隔期,指最后一次用药应与采收间隔的时间,即一种农药喷洒后,在这段时间内,辣椒是不允许出售给消费者的。

为严格控制农药用量和安全间隔期,辣椒病虫害防治中常用的几种农药合理使用技术参数见表11。辣椒果实中化学农药残留允许量见附录二。

表11 辣椒病虫害防治中几种常见化学农药使用国家标准

农药名称	剂型	最高限量（毫升/667平方米）	使用限次	安全间隔期（日）	最高残留量（毫克/千克）
溴氰菊酯	2.5%乳油	40	3	3	0.2
氯氰菊酯	10%乳油	30	3	2～5	1.0
顺式氯氰菊酯	10%乳油	190	3	7	1.0
功夫	2.5%乳油	10	3	7	0.2
甲氰菊酯	20%乳油	20	3	7	0.5
百菌清	75%可湿性粉剂	270	3	7	5.0
甲霜灵锰锌	58%可湿性粉剂	120	3	7	0.5

2. 无公害辣椒生产农药使用标准 ①要认准病虫害的种类，有针对性地使用农药，这样可以避免滥用农药，是实现无公害防治的关键。因为不同的病害或虫害需要使用不同的药剂进行防治。如果我们不能进行对症下药，不仅不能控制病虫害，反而造成浪费，还会污染蔬菜和环境。尤其对一些生理病害无需打药。有些农民由于不会识别各种病虫害，采用将多种药剂混合在一起，每隔一段时间用 1 次，这种防治方法是不可取的。这会造成产品的严重污染。②掌握病虫害发生规律，做到及时用药。每一种病虫害的发生，都有由轻到重的一个过程，即有一个防治的最佳时期。当有些病虫害发展到一定程度时，就是用再好的农药也难以控制，特别是一些流行性病害和暴发性虫害。有关部门最好能进行预测预报，指导农民及时进行防治。在一些缺乏预报的地区，只有靠农民自己根据每年发生病虫害的时间，及时加以防治。③喷药要做到细致均匀。有一些农民为求得高浓度、快速度，或采用将旋水片上的孔扩大的方法施药，药剂不能很好地覆盖在植株的表面，使大部分的药剂都落在了地上，不仅浪费了农药，还污染了土壤。④使用农药不能过于单一，避免病虫害产生抗药性。使用农药时，如果单一使用一种药剂，会出现药效逐渐下降的现象，而且越是专化性强的农药越容易失效，这主要是因为病菌和害虫产生了抗药性。

二、辣椒病害防治

（一）猝倒病

猝倒病又名绵腐病。为辣椒苗期重要病害。

【症状】 辣椒播种以后，由于病菌的侵染，常造成胚茎和子叶变褐腐烂，致使种子不能萌发，幼苗不能出土。当幼苗出土以后，子叶基部受病菌侵染呈水渍状，淡黄褐色，无明显边缘，逐渐失水变细,成为线状。由于不能承受上部子叶的重量而猝然折倒,但子叶在短期内仍保持绿色。此病一旦发生,蔓延非常迅速,造成幼苗成片死亡。苗床湿度大时,在病苗及其附近床面上常可见到1层白色棉絮状菌丝,可区别于立枯病。

【发病条件】 猝倒病是由真菌瓜果腐霉引起。病菌腐生性很强,以卵孢子和菌丝体在病株残体和土壤中可长期存活。随雨水、灌溉水、带菌的农具传播,也可由带菌的农家肥或种子传播。苗床土壤带菌又未经消毒,是发病的根源。本病属低温菌,最适生长温度为15℃~16℃,最高30℃。因此,早春苗床发病重。当苗床温度低,湿度高,尤其苗期遇有连阴天,光照不足,幼苗生长衰弱,则易发生猝倒病。当幼苗茎部皮层木栓化后,真叶长出,则逐渐进入抗病阶段。

【防治方法】 ①苗床地的选择。应选择地势高燥、避风向阳、排水良好、土质疏松而肥沃的无病地块做苗床。为防止病菌带入苗床,应施用腐熟的农家肥。播种前,苗床土要充分翻晒、耙平。②苗床土处理。旧苗床应进行苗床土壤处理,常用50%多菌灵可湿性粉剂进行土壤处理。每平方米用量为8~10克。具体做法是:先将农药和少量细土混合均匀,取1/3药土做垫层,播种后将其余2/3药土做覆土层。为避免药害,应保持适当的土壤湿度。每平方米也可用40%的甲醛30毫升,对水80倍,喷洒在床土上,而后用塑料膜封闭,4~5天后除去塑料膜,翻床土晾晒15天后播种。③加强苗床管理,培育壮苗。苗床土壤温度要保持在16℃以上,气温保持在20℃~30℃之间。苗出齐后注意适时通风,同时加强中耕松土,防止苗床湿度过大。保持育苗设备透光良好,增加光照,以促进秧苗健壮生长。为防止地温过低,有条件的最好采用电热温床育苗,为培育抗病壮苗创造良好的环境条件。发现病株及时拔除,集中烧毁,防止病害蔓延。④药剂防治。发病初期,最好用64%恶霜灵加代森锰锌500倍液喷雾,也可用75%百菌清可湿

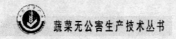

性粉剂 600 倍液或 50％多菌灵可湿性粉剂 600 倍液喷雾。

（二）立枯病

立枯病俗称死苗、霉根。是辣椒苗期常见病害。多发生于育苗的中后期。成株期也可发生立枯病。

【症　状】　受害幼苗茎基部产生椭圆形暗褐色病斑，明显凹陷。发病初期，病苗白天萎蔫，晚上恢复，当病斑继续扩大绕茎 1 周时，幼苗茎基部收缩干枯，叶色变黄凋萎，根变褐腐烂，直至全株死亡。由于此病发生在茎部木栓化以后，一般不倒伏，立枯病因此而得名。湿度大时，茎基部可见淡褐色蛛丝霉状物。这是该病与猝倒病相区别的重要特征。

【发病条件】　立枯病病原是真菌立枯丝核菌。病菌以菌丝或菌核在土壤内病残体和有机质上越冬，一般可以在土壤中腐生 2～3 年。床土带菌是幼苗受害的主要根源。病菌通过雨水、灌溉水、粪肥、农具进行传播和蔓延。病菌生长适宜温度为 18℃～28℃，在 12℃以下或 30℃以上时，病菌生长受到抑制。高温、高湿有利于病菌生长。一般在苗床温度过高、湿度过大、通风不良、播种过密、幼苗徒长、阴雨天气等环境条件下，均易引起立枯病的发生和蔓延。

【防治方法】　①加强苗期管理。防止苗床内出现高温高湿现象。苗期喷洒 0.1％～0.2％磷酸二氢钾，可增强植株抗病力。②苗床土消毒。具体方法同猝倒病。③药剂防治。发病初期，最好用 72.2％霜霉威水剂 800 倍液喷雾，每隔 5～6 天喷洒 1 次。其他药剂同猝倒病。

（三）疫　病

辣椒疫病在我国各地普遍发生，是辣椒生产上的重要病害之一。近年来，辣椒疫病发生愈加严重，给生产造成很大损失。辣椒疫病发病周期短,蔓延速度快,防治困难,毁灭性大。病害发生时,一般可减产 20% ~ 30%;严重时,可减产 90%,甚至绝收。

【症　状】　辣椒疫病从苗期至成株期都可发生。幼苗发病时,茎基部呈暗绿色水浸状,以后呈梭形大斑。病部明显缢缩,呈黑褐色,茎叶急速萎蔫死亡。潮湿时,病部可长出稀疏霉层。成株期茎、枝发病时,病斑初始为水渍状,淡褐色,边缘不明显,很快变为暗褐色和黑色条斑,逐渐向周围扩展,包围茎部;病斑凹陷或稍缢缩,受害病株病斑以上枝叶迅速凋萎、脱落;潮湿时,枝条皮层软化而腐烂,最终植株死亡。叶片受害时,病斑成水渍状,后扩展呈近圆形或不规则形大斑。病斑边缘黄绿色,中间褐色,病叶转为黑褐色后枯缩脱落。果实多在蒂部先发病,病部初为水渍状软腐,迅速向果面和果柄发展。病果由淡褐色变为黑褐色,有时产生深褐色同心轮纹。病果开始只是果肉腐烂,表皮不破裂也不变形,最后脱落。如遇晴天,果实变成黑色僵果而悬挂枝上;潮湿天气,病果上可产生较薄的白色粉状霉层,后变为灰色天鹅绒状。

【发病条件】　辣椒疫病是由疫霉引起的一种真菌病害。病菌以菌丝、卵孢子在病残体上或土壤中越冬。病菌在土壤中可存活很长时间。翌年条件适宜时,卵孢子直接萌发成游动孢子,侵入根、茎部或近地面的叶片、果实而引起发病。如植株有伤口时,更有利于疫病病菌的侵入。疫病病菌主要由雨水、灌溉水和气流传播。病菌在 8℃ ~ 38℃ 温度下均可以生长发育;在温度为 25℃ ~ 30℃、空气相对湿度为 85% 以上时,最适宜发病。故高温、高湿有利于病害发生和流行。多雨高湿季节,特别是暴雨后,病情发展很快。此外,重茬地、田间积水及大水漫灌,都会加重病害。在保护地栽培条件下,疫病有明显的发病中心。棚室漏雨的地方,也极易发病,形成发病中心,随后向四周蔓延;风雨溅射,拔除的病株、摘下的病果如遗留在田间,也可侵染邻近植株,形成新的发病中心。一般甜椒类型不抗病,辛辣型比较抗病或耐病。

【防治方法】 ①实行轮作制,避免与瓜类、茄果类蔬菜连作。②用无病菌土育苗。用新土或经药剂消毒过的无病菌土壤育苗。消毒药剂可每平方米用75%百菌清8克加10~15千克细土拌匀,1/3药土施入苗床内,2/3药土在播种后覆土。③加强田间管理。采用高垄或高畦培育适龄壮苗,覆盖地膜,雨后及时排水,防止湿度过大。清洁田园,发现病株及时拔除,集中深埋或烧毁。④药剂防治。定植前,用25%瑞毒霉或75%甲霜灵800倍液灌根。定植后、发病前用70%代森锰锌可湿性粉剂500倍液或50%甲霜铜可湿性粉剂800倍液喷洒叶面、茎基部和地面,预防病害初侵染。发病初期,在保护地内,可每667平方米用45%百菌清烟雾剂250克熏烟,每隔7~10天熏1次,连熏2~3次;或每667平方米用5%百菌清粉尘剂1000克喷撒,每隔7~10天喷1次,连喷2~3次。也可选用40%乙磷铝200倍液或75%百菌清600倍液或40%疫霉灵200倍液喷洒,每隔7~10天喷1次,并结合灌根,连续防治2~3次。此外,还可以进行土壤处理,即灌根,防止根部被害。在病害发生初期,将根茎部的土扒开,用上述防治疫病的药剂,每株浇入100~200毫升药液。为了省工,也可以将上述药液喷洒在根茎部。

(四)病毒病

辣椒病毒病在全国各地普遍发生,危害日趋严重,是近年辣椒栽培中最普遍的病害之一。由于它侵染方式特殊,早期不为人们所注意,蔓延迅速,防治困难,常造成大面积损失。露地辣椒栽培,病毒病发生比较严重,而保护地栽培如果能较好地控制环境条件,则发病相对较轻。

【症 状】 辣椒感染病毒病后,由于病毒种类不同,症状表现也不同,一般有花叶、蕨叶、明脉、矮化、黄化、坏死和顶枯等。

花叶:叶片出现不规则浓绿与淡绿相间的花斑。在田间检查时,首先看心叶是否出现花叶,如果心叶出现花叶,说明植株已感染病毒。花叶不皱缩变形的称轻花叶,严重皱缩变形的称重花叶。

蕨叶:叶片变小、卷缩、扭曲,丛生现象严重。

明脉:叶脉颜色变淡,半透明。

矮化:植株变矮,常与蕨叶、丛生同时发生。

黄化:叶片变为黄色,田间分布不均匀,并有落叶现象。

顶枯:顶部枯死后变褐色,叶片脱落,出现环斑等。

【发病条件】 根据我国近年鉴定的结果,辣椒病毒病主要是黄瓜花叶病毒(CMV)和烟草花叶病毒(TMV)。黄瓜花叶病毒主要在根茬菠菜、多年生杂草及保护地蔬菜上越冬,烟草花叶病毒在带毒的土壤中、病残体、种子及烟叶中越冬,主要靠蚜虫和接触传播。有翅蚜是早期传毒的介体,它以刺吸口器在病株上吸取毒液,再飞到其他健株上,在吸取植物的汁液过程中,将病毒带入健株。由于有翅蚜虫体很小,飞行灵活,不易为人们所察觉。病毒病通过潜伏期以后才能显现病症,给防治带来了困难。同时,植株因风吹摆动,互相碰撞磨擦,或因人的各项农事操作(播种、分苗、定植、整枝等)使植株相互接触,均可传播病毒病。辣味强的尖椒一般抗病性较强。近年来,我国科研工作者对很多品种做了抗病性鉴定,但尚未发现病毒病的免疫品种。

辣椒病毒病发病与气候条件有一定的关系。在高温、干旱、日照强度过强的气候条件下,辣椒植株本身的抗病能力降低,同时这种气候条件有利于蚜虫的发生和繁殖,导致辣椒病毒病严重发生。此外,重茬、缺肥、管理粗放和定植过晚等也会使病毒病发病加重。

【防治方法】 ①选用抗病或耐病品种。近年来育成的一些甜椒、辣椒新品种,如农大21号、农大22号、农大23号、中椒5号、甜杂6号、苏椒3号等均抗烟草花叶病毒,耐黄瓜花叶病毒,各地可因地制宜选用。②种子消毒。用10%磷酸三钠溶液浸种10分钟,用清水洗净后进行浸种催芽,有助于防止烟草花叶病毒感染。

③培育壮苗,覆盖地膜,适时定植,加强肥水管理,增强植株抗病能力。④及时消灭蚜虫,减轻病毒扩展。防治方法可参照蚜虫部分。⑤药剂防治。目前市场上出现的一些防病毒制剂,可以直接用来防治病毒病,但是多数制剂不能直接杀死病毒,在防治病毒中只能起到一定的辅助作用。目前,常用来防治病毒病的化学制剂有以下3种:一是83增抗剂,又称10%混合脂肪酸水剂(或水乳剂)。是一种耐病毒诱导剂,常用剂量为每667平方米600~1000毫升,适量对水喷雾,每7天喷1次,共喷3~4次。二是毒克星,又名病毒A或20%盐酸吗啉胍·铜可湿性粉剂。一般施用浓度为400~600倍液,每7天喷1次,共喷3~4次。本品在高浓度下易发生药害,一般以不低于300倍液为宜。三是1.5%植病灵乳剂。每667平方米用量为60~120毫升,适量对水喷雾。每7天喷1次,共喷3~4次。四是岭南霉素(一种农用抗生素)。每667平方米用量为200毫升,每间隔7天喷1次,共喷3次。

(五)炭疽病

辣椒炭疽病是一种常见的多发病。主要危害辣椒成熟果实和老叶。发病严重时,可使辣椒减产20%~30%。

【症　状】　主要危害果实和叶片。果实被害,开始产生水渍状黄褐色近圆形或不规则形的病斑,继而稍凹陷,中央灰褐色,上有隆起的同心轮纹,轮纹上密生小黑点。干燥时,病斑干缩似羊皮纸状,易破裂;潮湿时,病斑溢出淡红色粘稠物质。叶片受害,病斑初为水渍状褪绿斑点,后发展成为边缘深褐色、中央灰白色的圆形病斑,病斑上轮生小黑点,病叶易干缩脱落。茎和果梗染病时,可出现不规则的褐色病斑,稍凹陷,干燥时容易裂开。

【发病条件】　炭疽病由真菌侵染所致。病菌以菌丝体或分生孢子盘在种子上或随病残体遗留在土壤里越冬。种子表面附着的分生孢子可随种子远距离传播。生育期间通过灌溉、昆虫、气流、农事操作等进行传播。病菌多由植株伤口侵入,发病期间病斑上形成的分生孢子可借风传播进行再侵染。病菌在 12℃～35℃ 范围内均可发育,最适温度为 27℃。空气相对湿度为 95% 时,发病迅速;相对湿度低于 70% 时,一般不发病。种植密度过大、排水不良、浇水多、湿度大、温度高时,有利于炭疽病的扩展和蔓延。

【防治方法】 ①种子消毒。选无病田块或无病植株留种,用 55℃ 温水浸种后,催芽播种。②实行轮作,避免与番茄、茄子等作物连作。③加强田间管理。采用营养钵育苗,防止根系受伤,避免病菌由伤口侵入。合理密植,并选择排灌良好的砂壤土、不窝风的地块栽培。发现病株、病果及时清除,并深埋或烧毁。④药剂防治。发病初期可选用 75% 百菌清可湿性粉剂 500～600 倍液、70% 代森锰锌可湿性粉剂 400 倍液、50% 多菌灵可湿性粉剂 500 倍液、70% 甲基托布津可湿性粉剂 1000 倍液或 50% 异菌·福(原名利得)可湿性粉剂 800 倍液进行喷洒,每隔 5～7 天喷 1 次,连喷 2～3 次。

(六)疮 痂 病

疮痂病是一种常见的细菌性病害。我国南北各地露地和保护地栽培中普遍发生,苗期和成株期均可发病。

【症 状】 疮痂病主要发生在叶和茎上,有时也危害果实。叶片染病时,初期出现水渍状黄绿色小斑点,扩大后呈不规则形。病斑边缘暗绿色,稍隆起;中间淡褐色,稍凹陷。病斑表皮粗糙,呈疮痂状。受害重的叶片,边缘、叶尖变黄,干枯脱落。如果病斑沿叶脉发生,常使叶片变成畸形,引起全株落叶。茎部和果柄染病,出现不规则条状病斑或斑块,颜色暗绿色,逐渐木栓化呈纵裂成疮痂状。果实被害,开始有褐色隆起的小黑点,随后扩大为稍隆起的圆形或长圆形的黑色疮痂病斑。潮湿时,疮痂中间有菌液溢出。辣椒幼苗染病时,子叶上出现水渍状的银白色小斑点,后变为暗色凹陷病斑,发病严重时常引起幼苗全株落叶,最终植株死亡。

【发病条件】 辣椒疮痂病由细菌侵染引起。病原菌主要附着在种子表面或随病残体在土壤中越冬,借种子调运、风雨和昆虫传播。特别是暴风雨发生时,植株相互磨擦,促使病菌传播,病害发展更快。病菌从寄主的气孔侵入,病菌生长适温为 27℃~30℃。空气相对湿度 90% 以上时,有利于发病。高温高湿是诱发辣椒疮痂病的重要条件。在高温多雨季节,日光温室和大棚中气温高、湿度大,容易发病。此外,偏施氮肥或早期氮肥过多,叶片柔嫩、土质黏重、低洼积水、重茬地、排水不良等,发病也重。

【防治方法】 ①从无病株上采种,并进行种子消毒。可用 1:10 农用链霉素液浸种 30 分钟,或用 55℃ 温水浸种后,进行催芽播种。②实行轮作,避免与茄子、番茄等茄科蔬菜连作。③加强田间管理。高温多雨季节,保护地内注意通风降温,防止高温高湿。雨季及时排水。及时将病叶、病果、病株清除到室外深埋或烧毁。④药剂防治。发病初期可喷 72% 农用链霉素可湿性粉剂 4 000 倍液,或新植霉素 4 000~5 000 倍液,隔 7~10 天喷 1 次,连续喷 3~4 次。

(七)细菌性叶斑病

辣椒细菌性叶斑病主要危害叶片,引起落叶、早衰,减产严重。全国各地均有发生,由于易与疮痂病混淆,常被人们所忽视。

【症　状】 叶片初发病时,出现水渍状褪绿小点,逐渐变为褐色至铁锈色,叶斑中间凹陷变薄,边缘不隆起(可与疮痂病区别),严重时穿孔、落叶,最终全株死亡。

【发病条件】 该病是一种细菌性病害。病菌借雨水传播,从伤口侵入。据研究,该病在内蒙古 6 月开始发生;7~8 月份为多雨季节,温湿度适宜时,病株大量发生,蔓延迅速;9 月份气温下降,病势逐渐缓慢停止。

【防治方法】 参照辣椒疮痂病。

（八）软 腐 病

辣椒软腐病各地均有发生。主要发生在果实上，有时也危害茎秆。贮运期间也易发病。是常见病害之一。

【症　状】　在辣椒结果中后期，由于果实遭受虫害或机械损伤，为细菌侵入提供了"通道"，被害果实开始出现水渍状暗绿色斑，果肉渐渐腐烂，迅速扩展，整个果皮变白绿色、软腐，果实内部组织腐烂，病果呈水泡状。果皮破裂后，内部液体流出，仅存皱缩的表皮。有时病斑可不达全果，病部表皮皱缩。病果可脱落或悬挂在枝上，干枯后呈白色。

【发病条件】　病原菌为一种软腐菌。病菌主要在种子表面或随病残体在土壤和堆肥中越冬，翌年靠风、雨和昆虫传播，经植株伤口侵入。病菌在2℃～41℃都能生存，但适温为30℃～35℃，所以发病多在高温季节。凡是受棉铃虫、烟夜蛾等害虫钻蛀的果实，很容易发病。若在雨天收获，或用不清洁的水冲洗果实，特别是装筐的果实用水边冲边摇动的做法，容易造成软腐病扩散，使果实在贮运过程中病害加重。

【防治方法】　①种子消毒。可参照炭疽病防治的方法。②实行轮作，避免与茄科和十字花科蔬菜连作。③及时防治害虫。认真做好棉铃虫和烟夜蛾的防治工作，把蛀食性害虫消灭在蛀食以前，是防治软腐病的有效措施。④加强田间管理。合理密植；注意通风，降低空气湿度；雨季及时排水；发现病果及时清除，并深埋或烧毁。⑤药剂防治。发现病害立即喷洒72%农用链霉素可湿性粉剂4 000倍液或新植霉素4 000倍液，隔6～7天喷1次，连喷2～3次。

（九）青 枯 病

辣椒青枯病过去主要发生在南方。近年来，在河南、河北、天津等省、市,该病的发生有日趋严重之势。

【症　状】　发病初期,仅个别枝条的叶片出现萎蔫,以后扩展至整株。开始时,萎蔫植株早晚仍能恢复正常,以后叶片逐渐枯黄,后期叶片变褐枯焦;细菌在茎部维管束内迅速繁殖,开始时病茎外表症状不明显,以后纵剖茎部,维管束变为褐色至全部腐烂,但不成糊状,也无恶臭(这是该病与软腐病相区别的特征)。切一小段茎投入试管清水中,可见白色菌脓在水中漂荡,清水成为浑浊的乳白色菌液粘液(可与枯萎病区别)。果实被害,表面正常,内部组织变褐色;后期病果呈水渍状,易脱落。植株局部或整个根系变为褐色。

【发病条件】　病原为青枯假单胞杆菌。病菌可随病株残体在土壤中越冬,翌年通过雨水、灌溉水及昆虫传播。多从寄主的根部或茎部的皮孔或伤口侵入,在维管束内繁殖,阻碍水分和养分上升,并侵入薄壁组织细胞内,分泌果胶酶,溶解细胞间的中胶层,使寄主组织腐烂变褐。土温是发病的重要条件,当土壤温度为 $20℃ \sim 25℃$,气温为 $30℃ \sim 37℃$ 时,田间易出现发病高峰;尤其大雨或连阴雨后骤晴,气温急剧升高,高温高湿,更易促成该病流行。病菌适宜的土壤 pH 值为 $6 \sim 8$,最适 pH 值为 6.6。因此,我国南方微酸性土壤发病较严重,一般在 5 月上中旬开始发病,蔓延迅速。此外,连作地、积水地均易发病。

【防治方法】　①调整土壤酸碱度。在南方微酸性土壤栽培辣椒时,应结合整地,每 667 平方米施入硝石灰 $50 \sim 100$ 千克,与土壤混合,使土壤呈微碱性,以抑制病菌生长。②实行 3 年以上轮作,因为青枯病可危害多种茄科作物,凡前茬为番茄、茄子、辣椒的,均不宜种辣椒。③选用抗病品种,培育适龄壮苗;采用容器育苗,保护幼苗根系。④青枯病菌可随水流传播,因此,应注意排水,采用高畦垄栽。⑤发现病株,立即拔除并烧毁,在穴内灌注 20% 石灰水,也可以撒石灰粉,以防止蔓延。⑥药剂防治。发病初期,可用72%农用链霉素可湿性粉剂4000倍液喷洒,隔7~10天喷1次,连续喷2~3次。

(十)菌核病

菌核病主要发生在保护地内,露地栽培一般很少发生。

【症　状】　辣椒的幼苗,植株的茎、叶、花、果均能发病。苗期染病时,茎基部初呈淡褐色水渍状病斑,后变棕褐色软腐状,并迅速绕茎1周。潮湿时,长出白色棉絮状菌丝或软腐,但不产生臭味,干燥后呈灰白色,茎部变细,上生黑色鼠粪状菌核,最后全株死亡。成株染病,主要危害茎基部和分叉处,初期出现水渍状、稍凹陷的淡褐色病斑,后变为灰白色,绕茎1周后向上下扩展。潮湿时,病斑上生有白色棉絮状霉层,茎部皮层霉烂,髓部成为空腔,并形成许多黑色鼠粪状菌核,茎内外均可见到,引起落叶、枯萎、死亡。果实染病,从脐部向果面扩展,出现水渍状褐色病斑,逐渐腐烂,表面长出白色棉絮状菌丝,果实内部空腔形成大量黑色菌核,引起落果。本病无恶臭。

【发病条件】　病原菌为真菌核盘菌。主要以菌核在土壤或种子中越冬或越夏。翌年温湿度适宜时,菌核萌发产生子囊盘和子囊孢子,放射出子囊孢子,经气流传播到植株上进行初侵染,菌丝也可从伤口侵入。田间操作、病株与健康株之间的接触可引起再侵染。病菌发育的最适温度为20℃,孢子萌发的最适温度为5℃~10℃。菌丝不耐干旱,在相对湿度为85%以上时,发育很好;湿度在70%以下时,病害受到抑制。阴雨时间长,将加剧病害的发展。南方3~4月份和10~12月份为菌核病两次发病高峰,北方多在3~5月份发生。

【防治方法】　①种子消毒。在无病田块或无病植株上留种。播种前,用55℃温水浸种后,进行催芽播种,或用相当于种子重量0.3%~0.5%的多菌灵拌种消毒。②苗床土消毒。可用25%多菌灵可湿性粉剂每平方米 10 克加 1 千克细干土混合均匀,撒于地表,然后播种。③土壤处理。由于菌核病菌在土壤中存活时间长,实行轮作效果不大,因此,应进行土壤处理。可在定植前深翻 35 厘米整地,将地表的菌核埋到土壤深层,或在深翻后结合耙地,每667 平方米施用速克灵可湿性粉剂 2 000 克。④发现病株,要及时深埋、烧毁。对发病中心实施药剂封闭。⑤药剂防治。发病初期可喷洒 50%多菌灵 500 倍液,或甲基托布津 500 倍液,每 7～10 天喷 1 次,连续喷 2～3 次。在保护地内,也可用 45%百菌清烟雾剂熏治,每次每 667 平方米用药 250 克,连续熏烟 2～3 次。

(十一)白 粉 病

白粉病主要危害辣椒的叶片,新叶、老叶均能发病。是引起辣椒落叶的一个重要病害。近年来,辣椒白粉病有明显加重的趋势,全国各地多有发生,以西南地区受害最严重。

【症 状】 发病初期,叶片正面产生褪绿色的小黄斑点,逐渐发展成为边缘不明显、较大块的淡黄色斑块;叶片背面产生很薄一层白粉状物,即病菌的分生孢子梗和分生孢子。病害严重时,病斑密布,最后全叶变黄;病害流行时,白粉迅速增加,覆满全部叶片,大量落叶,形成光秆。

【发病条件】 本病由一种子囊菌的真菌引起,病菌随病叶在地表和土壤中越冬。分生孢子在 10℃～35℃条件下均可萌发,气温低于 30℃时,最适宜其侵染。分生孢子萌发后,从寄主叶片背面气孔侵入,在田间主要靠气流传播蔓延。分生孢子的萌发需在水滴内进行,但病害流行时,在空气湿度低于 60%的较干燥的环境下也能较快发展。分生孢子一旦侵入,气温高于 30℃时,可加速症状的出现。昼夜温差大时,有利于白粉病的发生和流行。

【防治方法】 ①深耕翻土,深埋病菌,减少越冬病源。②实行水旱轮作或 3 年以上轮作。③加强田间管理,保持田间适宜的空气湿度,防止土壤干旱和空气干燥。④药剂防治。发病初期,可用75%百菌清可湿性粉剂500倍液,或70%代森锰锌可湿性粉剂400倍液。发病后,可用50%多菌灵可湿性粉剂500倍液,或70%甲基托布津可湿性粉剂1 000倍液,或15%粉锈宁(三唑酮)乳油1 000倍液。每7天左右喷1次,连续防治2～3次。

白粉病的病原体是一种容易产生抗药性的病菌,有时连续使用3次,药效即下降。因此,在进行化学防治时,用药的品种不可太单一,最好不同的药剂交替使用。

(十二)枯 萎 病

辣椒枯萎病属土传病害,主要发生在结果期,为常见的病害之一。

【症 状】 辣椒植株感病后,全株枯萎或个别枝条枯萎,叶片自基部向上由黄色变为褐色,凋萎下垂,叶片脱落或不脱落。根系及茎基部变黑褐色,腐烂,剖视茎枝内部,可见维管束也变深褐色,最后全株枯死。如切取一小段病茎,置于盛有清水的试管中,无白色菌脓流出,这是该病与青枯病相区别的特征。

【发病条件】 本病由真菌镰刀菌引起。病菌以菌丝体和孢子在土壤中越冬,种子也可带菌传播。病菌从根部伤口侵入维管束,大量繁殖后堵塞导管,水分、养分均不能上升,并产生毒素,影响寄主正常的生理机制,致使植株枯萎死亡。病菌主要靠雨水和种子传播,在土温为28℃左右、湿度较高的情况下发病严重;土温为33℃以上、21℃以下停止发展。

【防治方法】 ①实行3年以上轮作。②使用的有机肥要充分腐熟。③选用无病种子,实行种子消毒。④药剂防治。发病初期,用50%多菌灵或50%甲基托布津500～1 000倍液灌根2～3次,每次间隔7～10天。

(十三)日 烧 病

【症　状】　该病主要发生在果实上,果实向阳部分褪色变硬,呈淡黄色或灰白色,病斑表皮逐渐失水变薄,容易破裂;后期容易被其他菌类腐生,长出 1 层黑霉或腐烂。

【发病条件】　辣椒日烧病是一种生理病害。引起日烧病的主要原因是高温期间叶片遮荫小,太阳直射果面,使果实表皮细胞受灼伤。在种植密度小、天气干热、土壤缺水或忽晴忽雨时,容易发生此病。

【防治方法】　①合理密植。露地栽培,1 穴种植 2 株,以加大叶片遮荫量,常能减轻病害。②间作高秆作物。辣椒与玉米、豇豆、菜豆等高秆作物或搭架作物间作,可减少太阳直射,改变田间小气候,避免日烧病发生,还可减轻病毒病的危害。

三、辣椒虫害防治

(一)蚜 虫

无论是南方,还是北方,辣椒最严重的虫害就是蚜虫。它既可危害幼苗,也可危害成株。该虫群聚危害,刺吸茎叶的汁液。蚜虫还是辣椒病毒病的传毒介体,是辣椒的重要虫害之一。

【危害特征和生活习性】　危害辣椒的蚜虫主要是桃蚜和瓜蚜。蚜虫喜欢群居叶背、花梗或嫩茎上,吸食植物汁液,分泌蜜露。被害叶片变黄,叶面皱缩卷曲。嫩茎、花梗被害呈弯曲畸形,影响开花结实,植株生长受到抑制,甚至枯萎死亡。蚜虫除吸食植物汁液造成危害外,还可传播多种病毒病。由黄瓜花叶病毒引起的辣椒病毒病主要是由蚜虫传播,只要蚜虫吸食过感病植株,再迁飞到无病植株上,短时间即可完成传毒,造成更大的危害。

桃蚜主要以无翅胎生雌蚜在越冬蔬菜和窖藏蔬菜内越冬,也可以卵在菜心中越冬。在加温温室内,可不越冬,继续胎生繁殖,翌年春天产生有翅蚜迁飞到辣椒或其他寄主作物上胎生繁殖,为害作物。桃蚜对黄色、橙色有强烈的趋性,忌避银灰色。瓜蚜主要以卵在露地越冬作物上越冬,在温室内以成蚜或若蚜越冬继续繁殖,翌年春季产生有翅蚜迁飞到辣椒等作物上危害。

【防治方法】 ①清洁田园。清除田园及其附近的杂草,减少蚜源。②实行地膜覆盖栽培时,可用银灰色薄膜驱避桃蚜。③在棚室内或辣椒栽培田的行间,设置黄色或橙色的诱蚜板,利用桃蚜对黄色、橙色的强烈趋性,诱杀蚜虫。④药剂防治。蚜虫繁殖速度很快,必须及时防治。蚜虫多在叶背面和幼嫩的心叶上危害,所以,打药时一定要周到细致。最好选用具有触杀、内吸、熏蒸三重作用的新农药抗蚜威,此药不仅对蚜虫有特效,而且具有选择性,对其他昆虫乃至高等动物无毒害,属无污染农药。它不杀死菜田中的天然昆虫,不伤害蜜蜂等益虫,但也不杀灭蚜虫之外的其他害虫,所以,当辣椒在发生蚜虫的同时还有其他害虫时,则应另喷药或采用混合喷药。抗蚜威国产剂型为50%可湿性粉剂,使用剂量为每667平方米10~20克(4 000~8 000倍液)。此外,吡虫啉(又名咪蚜胺)也是防治蚜虫的低毒高效药剂,10%吡虫啉可湿性粉剂的使用剂量,每667平方米40~70克(1 000~2 000倍液)。也可用2.5%溴氰菊酯乳油2 000~3 000倍液喷雾,或快杀敌5%乳油300倍液喷雾。在保护地(可封闭条件下)也可每667平方米使用30%敌敌畏烟剂300克熏治。

(二)茶 黄 螨

茶黄螨是蛛形纲蜱螨目有害生物。其虫体甚小,肉眼不易察觉,苗期和成株期均可进行危害,是辣椒栽培中的主要虫害之一。

【危害特征和生活习性】 茶黄螨集居在植株幼嫩部位刺吸汁

液,以致嫩叶、嫩茎、花蕾、幼苗不能正常生长。受害叶片增厚僵硬,叶背面具油质状光泽或呈油浸状,渐变黄褐色,叶缘向下卷曲、皱缩。受害的嫩茎变黄褐色,扭曲畸形,植株矮小丛生,以至干枯秃顶。受害的蕾和花,重者不能开花、坐果。果实受害,果柄、萼片及果皮变为黄褐色,失去光泽。果实生长停滞变硬,失去商品价值。

茶黄螨虫体很小,长约 0.21 毫米,椭圆形,淡黄色至橙黄色,表皮薄而透明,因此,螨体呈半透明状。1 年发生若干代,有的地方多达 20 代以上。北方地区在温室中越冬,少数雌成螨可在冬作物或杂草根部越冬,翌年 5 月开始危害。茶黄螨借风雨传播,也能爬行危害。有强烈的趋嫩性,所以又叫嫩叶螨。卵和螨对湿度要求较高,气温为 16℃~23℃、相对湿度为 80%~90% 时危害严重。因此,温暖多湿的地方,如日光温室辣椒更易受害。北京地区大棚辣椒栽培 6 月下旬为茶黄螨盛发期,露地 7~9 月份受害最重。

【防治方法】 ①清洁田园及早清除田间及其周围的杂草和枯枝落叶,减少虫源。②药剂防治。茶黄螨因不属昆虫,为螨类有害生物,因此,使用一般杀虫剂难以奏效,而应采用专门的杀螨剂。可选用 20% 哒螨灵可湿性粉剂(商品名:牵牛星)3 000~4 000 倍液,或 20% 螨克(双甲脒)乳油 1 000~1 500 倍液,或 50% 螨代治(溴螨酯)乳油 1 000~2 000 倍液,或 50% 托尔克可湿性粉剂 2 000~3 000 倍液,或 25% 倍乐霸(三唑锡)可湿性粉剂 2 000~3 000倍液,或 57% 螨除净乳油 1 500~2 000 倍液等喷雾防治。

茶黄螨具有趋嫩习性,在辣椒的顶芽嫩尖初生长的部位分布最密,危害最重。打药时,要着重在辣椒的这些幼嫩部位喷洒。每隔 10~14 天喷 1 次,连续喷 3 次。

(三) 红 蜘 蛛

【危害特征和生活习性】 红蜘蛛和茶黄螨一样,它不属于昆虫类,属螨类有害生物。主要聚集在辣椒叶背面吸食汁液,早期症状是受害叶片背面出现褪绿斑点、黄白色小点,呈网状斑纹;严重时斑点变大,叶面渐变为黄白色,叶片变锈褐色,枯焦,最后脱落。红蜘蛛危害常引起植株早衰,产量降低。果实受害时,也出现褪绿色斑点,影响果实品质和外观。

红蜘蛛多潜伏于杂草、土壤中越冬,第二年春天先在寄主上繁殖,然后移到辣椒田繁殖危害。开始为点状发生,后靠爬行或吐丝下垂借风雨扩散传播。开始危害植株老叶,再向上蔓延。当繁殖数量过大时,常在叶端群集成团,通过风的扩散作用向四周爬行蔓延,分散到其他植株继续取食危害。如遇干旱年份容易大发生。雨水多时,螨类的繁殖易受影响,暴雨、台风等气候对螨的发生有明显的抑制作用。

【防治方法】 ①清洁田园。彻底清除田间及附近杂草。前茬作物收获后,及时清除残枝落叶,减少虫源。②药剂防治。对红蜘蛛喷药必须采用圈治,即红蜘蛛点片发生初期,立即用喷雾器喷一个农药包围圈,圈的范围略大于害虫发生的范围,然后对圈内辣椒植株进行彻底喷药。使用农药同茶黄螨。

(四)烟青虫

烟青虫又称烟夜蛾。为钻蛀性害虫。全国各地均有分布。

【危害特征和生活习性】 成虫为黄褐色蛾子,卵半球形稍扁,乳白色。老熟幼虫头部浅褐色,体呈黄绿色或灰绿色。以蛹在土壤中越冬,主要危害花蕾、花和果实。成虫羽化后,白天潜伏在叶背、杂草丛或枯叶中,晚上出来活动。卵散产在嫩叶、嫩茎和果柄等处。每天雌虫可产卵1 000粒以上。孵化后的幼虫危害嫩叶、嫩茎,2龄后开始蛀果,在近果柄处咬成洞孔,钻入果内啃食果肉和胎座,遗下粪便,引起果实腐烂。该虫有转株、转果危害习性。1头幼虫可危害3~5个果实,造成大量落果或烂果。

【防治方法】 ①利用黑光灯诱杀成虫。②在产卵期释放赤眼蜂,每667平方米1万~2万头,寄生率可达80%左右。③由于烟青虫是钻蛀性害虫,必须抓住卵期及低龄幼虫期(尚未蛀入果实中)施药。因此,以使用杀虫兼灭卵的药剂最为理想。建议在幼虫孵化盛期,用2.5%功夫乳油2 000~4 000倍液,或5%快杀敌(顺式氯氰菊酯)乳油3 000倍液,或20%灭扫利(甲氰菊酯)乳油2 000~2 500倍液,或10.8%凯撒(四溴菊酯)5 000~7 500倍液喷雾。每隔6~7天喷1次,连喷2~3次。在辣椒第一次采收前10天停止使用化学农药。此后如需防治,只能使用生物制剂。每667平方米可采用0.3%印楝素乳油50~100克,对水50千克喷雾,既可控制危害,又不伤害天敌,且不污染环境,是首选的生物防治方法。

(五)棉 铃 虫

全国各地均有发生。是一种钻蛀性害虫。

【危害特征和生活习性】 成虫为黄褐色蛾子。卵呈扁球形,乳白色。老熟幼虫头部褐色,体色具多种颜色,如黑色、绿色、绿色褐斑型、绿色黄斑型、黄色红斑型、灰褐色、红色、黄色等。以幼虫蛀食蕾、花、果为主,也啃食嫩茎、叶和芽。幼果常被吃空或引起腐烂而脱落。成果虽然只被蛀食部分果肉,但因蛀孔在蒂部,易被雨水、病菌侵入引起腐烂。果实大量被蛀后导致腐烂脱落,是减产的主要原因。

棉铃虫1年可发生多代,以蛹在土壤中越冬。它属喜温喜湿性害虫。早夏气温稳定在20℃左右,越冬蛹开始羽化,成虫产卵于辣椒植株上,幼虫发育以25℃~28℃,相对湿度75%~90%最为适宜。如雨水过多,土壤板结,不利于幼虫入土化蛹,可提高蛹的死亡率。此外,暴雨可冲刷棉铃虫卵,对该虫也有抑制作用。

【防治方法】 ①冬耕冬灌,可消灭越冬蛹。②利用成虫的强趋光性,可采用黑光灯诱杀。③在产卵期释放赤眼蜂,具体方法同烟青虫的防治。④药剂防治。需要注意的是,辣椒田上发生的棉铃虫虽然和棉田发生的棉铃虫是同一种害虫,但棉田中施用的农药多为高毒长残留杀虫剂,万万不可用于辣椒田中。棉铃虫和烟青虫一样,必须在卵期和低龄幼虫期施药才有效果。具体方法可参照烟青虫的药剂防治。

(六)白 粉 虱

白粉虱的种类较多,除了20世纪80年代报道的温室白粉虱以外,近年来又发生烟粉虱(棉粉虱)危害,而烟粉虱中还有很多类型。烟粉虱可对寄主造成毒害,并传播多种蔬菜病毒病,所以其危害性更大。

【危害特征和生活习性】 白粉虱的虫体淡黄至白色,成虫和若虫群集辣椒叶片背面吸食汁液,致使叶片褪色变黄、萎蔫,同时分泌蜜露在叶片上,诱发煤污病,严重影响叶片的光合作用和呼吸作用。白粉虱是保护地栽培的主要虫害之一,以各种虫态在保护地越冬,在春天气温回升时飞迁到露地菜田危害;秋后气温下降时,又转移到温室危害并越冬。成虫飞翔力很弱,对黄色有强烈的趋向性。

【防治方法】 白粉虱具有寄主范围广、繁殖快、传播途径多、抗药性强等特点。在防治上,应采用以培育无虫苗为基础的综合防治方针。①培育无虫苗。育苗前,清除杂草、残株,彻底熏杀育苗温室内残余虫口。通风口安装纱窗,杜绝白粉虱迁移。再将无虫苗定植到清洁的经熏杀的生产温室中去。②物理防治。利用白粉虱成虫对黄色有强烈趋向性的特点,在白粉虱发生初期,将涂有粘油或蜜汁的黄色诱杀板,挂在保护地内,置于行间植株上方,诱杀成虫。③生物防治。人工繁殖释放丽蚜小蜂,以控制白粉虱危害。丽蚜小蜂与白粉虱成虫的比例为2:1,每隔12~14天放1次,共放 3～4 次。④药剂防治。在白粉虱发生初期,虫口密度尚低的时候就应开始打药,这是防治成功的关键。可采用的化学药剂有2.5%联苯菊酯乳油 3 000 倍液,或 20%灭扫利乳油(甲氰菊酯)2 000 倍液,或 10%吡虫啉可湿性粉剂 2 000～3 000 倍液喷雾,对若虫和成虫均有效。如果将昆虫生长调节剂 25%扑虱灵可湿性粉剂 1 000～1 500 倍液与上述菊酯类药协调运用,既能快速控制种群的发展又可维持较长的效果。在保护地内,也可每 667 平方米采用 22%敌敌畏烟剂 500 克,或 30%白粉虱烟剂 320 克熏杀。

(七)地下害虫

【危害特征和生活习性】 辣椒在播种期或幼苗期往往遇到地下害虫的危害,主要的种类有蛴螬(金龟子幼虫)、蝼蛄、地老虎等。由于它们在地下活动危害,通常不易察觉。一般在地下深层越冬,经常在苗床中啃食萌发的种子,或将幼苗近地面的根茎部咬断,使幼苗地上部死亡,导致缺苗断垄。地下害虫一般都喜温暖潮湿的环境条件,故潮湿的土壤危害更重。

【防治方法】 在历年地下害虫危害严重的地块,播种或移栽前耕、耙土壤时,可采用药剂进行土壤处理。可选用的药剂有 5%敌百虫粉剂(每 667 平方米 2 千克),或 5%西维因粉剂(每 667 平方米 2 千克),或 5%爱卡士(喹硫磷)颗粒剂(每 667 平方米 0.5 千克),或 2%哒嗪硫磷粉剂(每 667 平方米 3 千克)等,随耕作翻入土中,均可对土壤中的害虫有一定的控制作用。辣椒出苗后受害虫危害,可选用 50%辛硫磷乳油 1 000 倍液,或 25%喹硫磷乳油 1 000倍液,或 90%晶体敌百虫 1 000 倍液,或 10%吡虫啉可湿性粉剂1 000倍液等灌根。一般可持效 7～10 天。注意绝对禁止施用高毒农药,如对硫磷(1605)、甲基对硫磷(甲基 1605)、呋喃丹等。

第八章　无公害辣椒采收、贮藏与运输

辣椒是我国广大消费者喜爱的一种大宗蔬菜,在蔬菜生产和消费中所占比重大,经济价值高,社会效益显著;同时也是我国重要的出口蔬菜之一,在农业生产中占有重要的地位。因辣椒属喜温蔬菜,生产中有较强的地区性和季节性,为缓和淡、旺季的供需矛盾,延长辣椒的供应期,近年来,在我国海南、广东、广西、云南、福建等南方省、自治区在秋、冬季大量种植辣椒,销往北方各地,使辣椒成为目前贮藏量和运输量较大、经济效益较高的蔬菜之一。

一、影响辣椒贮藏、运输的因素

(一)品种的选择和栽培要求

用于贮藏运输保鲜的辣椒,从品种到栽培及采收均有一定的要求。首先,应选择耐贮藏、运输的品种。辣椒品种繁多,不同品种之间的耐藏性差异很大。一般皮薄、水分含量高、果实空腔大的品种不耐贮运;而果肉厚、果皮角质层厚、水分含量中等、果实空腔小的品种比较耐贮运。一般有辛辣味的辣椒比甜椒耐贮运。

在辣椒栽培过程中,应注意多施有机肥,不要偏施化肥,尤其不要偏施氮肥,因含氮量过高的辣椒不耐贮运。有关研究表明:甜椒的大多数田间病害与采后贮藏病害是一致的,在田间表现抗病的品种,贮藏期间发病率低,腐烂较少。所以,在辣椒栽培过程中,应做好病虫害防治,减少田间发病率。采前10天左右喷1次广谱杀菌剂,如多菌灵、甲霜锰铜、瑞毒霉等,以利于防治贮藏期的病害。用于贮运的辣椒在采收前5~6天应停止灌水,以增强采后的

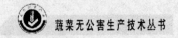

耐藏性。

(二)采收时期和方法

应根据辣椒采收后的用途、运输距离和贮藏时间适时采收。大部分辣椒果实均由绿色转红色,绿色商品成熟果和红色生理成熟果均能食用。根据我国的消费习惯,甜椒通常食用绿色商品成熟果,辛辣味辣椒则绿色、红色均有食用。采收时已显红色的辣椒果实,采后衰老快,应及时出售,不宜贮藏。用于贮藏或运输的辣椒应选绿色,并已充分膨大,果肉厚而坚硬,果面有光泽的果实。

贮藏用的辣椒必须在初霜到来之前采收,受霜冻或冷害的辣椒不宜用于贮藏或运输。夏季采收,一般应在晴天的早晨或傍晚气温较低时进行,降雨后不宜立即采收,否则果实容易腐烂。采收时最好用剪刀或刀片,连同果柄上的节一同剪下,可减少手摘造成的机械损伤。要注意剔除病果、虫果和伤果,这些果实不但本身不耐贮藏、运输,而且它一旦腐烂还可传染其他好果。采收、装运过程中要注意轻拿轻放,不要擦伤或压裂果实。

二、采后无公害处理

辣椒收获后,需经分级、包装、预冷等处理,才能进行贮藏或运输,作为商品进入市场。

(一)挑选和分级

辣椒采收后要进行严格挑选,剔除腐果、伤果、病虫果和质量不合格的果实,并按商品品质进行分级。

不同国家和地区由于气候、栽培条件以及种植品种的不同,对辣椒分级的标准也可能有所不同,但共同的要求是:具有本品种特性,果实成熟度适中,表面光滑,有光泽,无机械损伤,无病虫害,发育良好,整齐度高,有商品价值。

在一些发达国家,辣椒采收后还需进行涂料处理,即将无毒、安全、不损害人体健康的水溶性蜡剂配制成适当浓度的溶液,将辣椒浸入或用毛刷涂,在辣椒表面形成一薄层涂料,晾干即可。辣椒经涂料处理后,不但果实发亮、外形美观,还可抑制果实呼吸,减缓养分损失和衰老,抑制病菌和微生物的侵染,减少贮运中果实水分的损失。

(二)包 装

我国辣椒贮运中采用的包装材料比较落后,主要是用藤筐、竹筐包装。由于藤、竹筐较粗糙,在运输过程中果实易受机械伤害。在欧美一些发达国家,多用纸箱包装,因为纸箱光洁、平滑,不伤果实,便于机械化操作,还可打印商标、等级、重量等。

国家标准对包装的要求是:盛辣椒的容器(箱、筐等)须能较好地保护果实不受伤害,应大小一致;整洁,干燥,牢固,透气,美观;无污染,无异味,内部无尖突物,外部无钉刺;无虫蛀、腐朽、霉变现象,纸箱无受潮、无离层现象。塑料箱应符合国家规定,对人体无毒。

包装前,将挑选好的果实拭去果面上的污物,按相同等级、大小规格集中堆放。再将包装纸箱折好,并将透气孔打开(洞孔可自行设计)。包装时,将果实轻放于箱内,每箱重量一致。包装上标明品名、等级、重量、产地和包装日期。

(三)预冷处理

新鲜辣椒采收后,含有较高的水分和热气,加上果实本身具有较强的呼吸作用,能释放出大量的呼吸热,对保持辣椒果实的品质十分不利。因此,采收后、运输前必须进行预冷,预冷可迅速将辣椒所携带的热量除去,使辣椒果实的代谢水平降低,防止腐烂,有

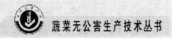
利于保持新鲜而优良的品质。如果在运输车内慢速冷却,会加速果实腐烂。国家标准规定,如果甜椒采收后的实际温度超过18℃~20℃,须快速冷却到8℃。

辣椒预冷的方式有自然预冷和人工预冷两种。自然预冷就是将辣椒放在阴凉通风处,利用自然空气对流,使其散热冷却。这种方法简便、易行,但降温时间长、效果差。人工预冷是在辣椒采收后1~2天内,将辣椒放入预冷站,通过压差预冷或强制通风预冷,使辣椒的温度迅速下降到9℃左右。如无预冷站,可将辣椒直接放入冷库内,使其降温,一般需存放20小时,才能达到9℃左右。纸箱包装的辣椒,冷却更慢。但在普通冷库内采用简易压差预冷,则可弥补上述缺点。简易压差预冷方法,是在普通冷库内将辣椒堆叠成两堵"隔墙",中间留一定空间作为降压区,用帆布将两个"隔墙"的顶部及两端连同中间的降压区一起密盖,将两堵墙的外侧露出,可按辣椒堆的大小,在一端或两端用排风扇向外抽风,这样中间降压区内的气压降低,促使空气从"隔墙"外侧的通风孔通过包装带出辣椒中的热量,进入降压区,再由排风扇抽出到冷库,进行循环,即可达到压差预冷的目的。压差预冷对包装有一定的要求,只能用有孔的方形纸箱和塑料筐。其他包装材料如竹筐等因其形状不整齐,堆码后不能形成封闭的"隔墙",冷空气可从竹筐的空隙穿过,不能进入包装内,降温效果差。

在既无冷库又无预冷站的地方,要将辣椒堆放在通风良好的阴凉处,防止暴晒和雨淋,及时运出。

三、运输与管理

运输是辣椒商品生产中的一个重要环节。随着蔬菜生产日益基地化,越来越多的蔬菜需要经过长短途的运输后才能到达贮藏地和消费者的手中。辣椒虽然较耐运输,但若管理不当,如装卸搬运中粗放操作,运输途中剧烈震动,会造成较大的损失。目前,我国辣椒装卸大多靠人力,劳动强度大,装卸质量好坏决定于组织管理水平和工人的责任感,为把装卸过程中的损失降低到最低程度,亟待实现机械化操作和文明装运。辣椒在运输途中特别是长途运输途中,由于颠簸不仅会造成机械损伤,而且由于震动使呼吸上升发热,故辣椒运输要求快捷迅速,应在采收后1~2天内装车运出,距离在1 000公里以内的要求24小时运到。为减少震动和磨擦,应在装车时增加衬垫缓冲物,如用塑料筐装运,上层与下层之间要设支撑物,防止上层的筐直接压在下层的辣椒上。

当气温在6℃以上、30℃以下时,短距离的可用普通卡车运输。夏季运输,要盖上帆布,防止日晒雨淋,同时也要注意通风散热。冬季运输,要加盖棉被等保温,注意防冻,防止发生冷害。长距离火车运输,已经预冷的辣椒可使用通风隔热车、冷藏车运输;未经预冷的辣椒,一般可用土保温法运输。但土保温法可靠性差,风险大。土保温法是在车厢内加冰降低辣椒的温度,防止高温腐烂。当产地气温在25℃以下,运到销售地后不遇寒流,气温在6℃以上时,土保温法的运输效果较好。另外,用土保温法运输时,辣椒要加盖棉被、草帘等保温,防止辣椒运到北方后,气温下降造成冷害和冻害。如用冷藏车或可控温的冷藏集装箱运输,能保证运输期间温度的稳定,这是最佳的运输方法。辣椒运输温度可参考表12。

表12　辣椒运输温度条件

运输时间（天）	温度（℃）
3~5	7~8
6~10	8~9
11~14	10±1

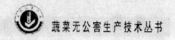

四、贮藏与管理

（一）辣椒贮藏的环境条件

关于辣椒贮藏所要求的温度条件，国内外均有大量报道。综合大部分研究结果可以得出：甜椒的最佳贮藏温度为10℃±1℃，辣椒的贮藏温度可比甜椒稍低一些，为7℃~9℃，低于此温度范围则会出现冷害，高于此温度范围的辣椒衰老快，会迅速转红，影响贮藏品质；果实受冷害后，果面出现水渍状软腐或出现脱色圆形水烂斑点。

由于辣椒果实内部空腔大，所以失水后变软、皱缩的现象比番茄、茄子等实心果实明显。因此，为使辣椒在贮藏期间果实不失水萎蔫，保持新鲜的外观品质，贮藏环境必须保持一定的湿度。高湿虽能减少自然损耗，保持果实的品质，但湿度过高往往会增加果实的腐烂，果柄处发黑、长霉等，所以要求辣椒贮藏期既要保湿又不能高湿。综合国内外研究结果可以得出：辣椒果实贮藏环境的相对湿度在90%~95%范围内较为适宜。

辣椒在贮藏过程中会产生乙烯，这种气体对果实有催熟作用。因此，控制贮藏环境中乙烯的产生，能抑制辣椒的后熟过程，延长贮藏时间。为此，应尽量设法消除贮藏环境中的乙烯、乙醇等气体，贮藏环境要具备较好的通风条件。

（二）辣椒贮藏方法

辣椒的民间贮藏方法很多，有沟藏、沙藏、土窖贮藏和井窖贮藏等。这些方法，主要是利用秋、冬季自然低温加上简单的设施进行贮藏，具有简便易行、成本低的优点，但受地区和季节的限制。同时，由于温、湿度等条件不易控制，损耗大，一般仅适用于一家一户的小规模贮藏。为解决辣椒大规模商业性贮藏,近年来科研人员在辣椒贮藏方面进行了大量的研究工作,提出了通风窖贮藏、冷库中通风保湿贮藏等方法。这些方法由于能较好地控制温、湿度和气体条件,不受季节和地区的限制,贮藏效果好,但需要一定的投资。

1. 沟藏 沟藏是指在秋、冬季将辣椒埋在沟内,进行控温保湿的一种贮藏方法,适用于华北、东北、西北等寒冷地区。具体做法是:选地势高燥、背阴处,挖东西向的贮藏沟,宽不超过 1 米,深 1～2 米,长度根据贮藏数量决定。沟底铺 1 层 3～7 厘米厚的干沙子,而后堆放 30～70 厘米厚的辣椒,也可将辣椒先装筐再放入沟内,上面用秸秆、草帘等覆盖,最上面盖 1 层 10～13 厘米厚的沙子。根据外界温度的变化,分次覆盖上面的秸秆和草帘等防寒物。前期注意防热,后期注意防寒,视温度变化及时揭盖。保持果堆内温度不低于 6℃为准。贮藏期间须防雨、雪进入沟内,每 15 天左右检查 1 次,挑出烂果。沟藏法可贮 1～2 个月。

2. 沙藏 在窖内或贮藏室内地面铺 1 层 6～9 厘米厚的沙子,上面放 1 层辣椒,再铺 1 层沙子,再放 1 层辣椒,按此顺序一般埋放 3～5 层辣椒。如贮藏量大,可用砖把沙子和辣椒围起来,以免向四周散落。还可以在木箱或箩筐内用沙子贮藏辣椒,方法同前所述。沙藏 10～15 天倒动 1 次,将烂果挑出。要注意窖内或贮藏室内温度的变化,温度控制在 10℃左右为宜。

3. 土窖贮藏 选择地势高燥的场地挖贮藏窖。窖的构造与一般菜窖大体相同。但由于辣椒贮藏温度要求较高,所以要求窖的保温性能要好,深度可较一般菜窖深一些,通风面积可稍小一些。较寒冷的地区可以将窖身全部埋入土中(2～3 米),在较温暖的地区可采用半地下式,即窖身一半深入地下(1～1.5 米),一半在地面上(约 1 米),地上部分打成土墙。窖顶用木材、麦秸等做成棚盖,棚盖及四周覆盖草帘等覆盖物,窖顶要设换气孔。

土窖内贮藏辣椒有多种方法,在此介绍常用的两种:①保湿垛藏。将选好的辣椒放入筐内,每筐 15 千克左右,码成 3~4 层高的垛。如贮藏量大,要留通风的空隙。辣椒垛的上面和四周用潮湿的蒲席、草帘或麻袋等遮盖起来,保持一定的湿度,防止辣椒失水。盖的蒲席等物 5~7 天更换 1 次,蒲席要事先用 0.5% 的漂白粉溶液浸泡,稍晾(不滴水为止)即可使用。贮藏窖和所用的筐具等也需消毒。②堆藏。在窖内地面铺一层约 10 厘米厚的稻草或麦秸等,上面散堆辣椒约 30 厘米厚,堆成长条形,以便于检查。贮藏过程中视温度变化情况加盖稻草、麦秸、蒲席等。如果贮藏量不大,也可采用窖内沙藏。

土窖贮藏技术的关键是温、湿度管理,窖内温度应保持在9℃~10℃。贮藏前期一般白天不通风,夜间打开通风口排出呼吸热,把外界的冷空气引入窖内。贮藏中后期以防寒保温为主。隔 3~5 天在白天气温高时打开顶部换气口,换气 0.5~1 小时。一般 10~15 天检查 1 次,采用土窖贮藏,辣椒损失率在 15% 左右,但经济效益与不贮藏相比可增加 50%。

4. 通风窖贮藏　贮藏窖为半地下室通风窖。在较温暖的地区,其地下部可在 1 米左右;较寒冷的地区,为增强保温性能,可加深到 2~3 米,地上部高度一般在 1 米左右,长、宽可根据贮藏量确定。南北墙离地 0.1 米高处在墙外安装可开关的进风口和出风口,大小为 0.5 米×0.5 米,并安装能防鼠进入的铁丝网,进风口设在北墙,出风口设在南墙并装排风扇向外排风。窖顶设换气孔,窖顶及四周盖上或覆盖秸秆等防寒物,在寒冷地区还需安装电热线防冷害。

辣椒收获后,经严格挑选后装筐入窖,采用垛藏。垛底垫 1 层木头或砖(约 10 厘米高)做通风道,上面码 5~6 层筐,以 10~20 筐为一垛,垛顶距窖顶 33 厘米左右,与墙壁保持 10~20 厘米的距离,筐与筐之间留一定的间隙,垛与垛之间也要保持 10~20 厘米的距离,以利于通风。最上层筐上盖 3～4 层报纸或硬纸板,防止帐内水珠滴在辣椒上。垛外套一个略大于垛的塑料帐(0.08～0.1 毫米厚的聚乙烯薄膜),便于水珠顺帐壁流下。帐子下端可用砖头等压住,但不密封。在帐子上适当打几个直径约为 0.5 厘米的孔(每平方米打 1～2 个),以防止帐内湿度过大和二氧化碳积蓄过多。如将帐子下边卷起 5～10 厘米,也可起到与打孔同样的作用。帐内可加仲丁胺或漂白粉熏蒸。

通风窖管理的要点是:贮藏前期要降温,白天关闭门窗,夜间打开通风口或用排风扇强制通风,以便排出呼吸热,使夜间的冷凉空气进入窖内。贮藏中期要保温,昼夜关闭通风口,防止冷空气进入,每隔 3 天在下午气温高时打开顶部气孔换气,每次通风 0.5～1 小时;贮藏后期要加温,当外界气温低于 7℃时,要加温防冻,可用加热线加温。每次换气在中午进行。窖内湿度一般不需要再补充,若湿度低,可在地面喷水。约 1 个月检查 1 次贮藏情况,发现红果、烂果需及时挑出。此贮藏方法适于北方秋冬季节鲜椒的贮藏,贮藏 60～80 天,商品率可达 85%～90%,失重率低于 6%。

5. 冷库贮藏 有机械制冷设备的冷库是最理想的贮藏场所,因其可以自动控温。但如果利用冷库在秋、冬季贮藏辣椒,当外界气温低于 10℃时,需要考虑加温问题。

辣椒冷库贮藏的方法很多,但纸箱包装的辣椒不宜进行长期冷藏,只能用于短期贮藏或运输。纸箱包装的辣椒若贮藏期过长,辣椒失水率高,转红快,对外观品质影响较大。以下介绍两种辣椒冷库贮藏的方法:①通风保湿贮藏。将挑选好的辣椒果实放入塑料筐中,将筐堆码成垛,用 0.23 微米厚的塑料帐密封,加入 0.03 毫升/升的仲丁胺熏蒸 24 小时后,在帐子顶部开一直径为 10 厘米的筒口,下部接通气嘴,每天以 15～20 毫升/每分钟的流速向帐内通风 30 分钟。这种贮藏方法既能保湿又不至于高湿,大大降低了烂果率。②保鲜膜小袋贮藏。辣椒保鲜膜袋的规格为 30 厘米×

40 厘米,每袋装 1.5～2 千克辣椒,扎紧袋口,装筐或直接放在贮藏架上。1 个月左右检查 1 次,或随机抽样检查,不用打开袋口,视贮藏情况将烂果和明显转红的辣椒挑出来。以后 1 周或半个月检查 1 次。该方法可贮藏 2 个月左右。小包装贮藏的优点是:保鲜膜具有保湿和一定的气调作用,辣椒贮藏后,果实商品性状好,失重轻,果面光亮。由于包装量小,缩小了病原菌传染范围,减少了烂果。此外,保鲜膜小袋贮藏由于采用密封包装,因此,对贮藏场所湿度无严格要求。需要注意的是,应在较低的温度下装袋,以减轻袋内结露现象,还应避免果柄扎破薄膜袋而造成漏气。该贮藏方法虽然增加了购袋成本和装袋用工,但贮藏后好果率高,保鲜好,销售价格也高。

(三)辣椒贮藏场所和用具的消毒方法

贮藏场所在辣椒入贮前要进行彻底清扫,尤其是曾经贮藏过蔬菜或水果的老库房,要进行药剂消毒。消毒多用熏蒸法,也可用化学杀菌剂喷雾。可用硫黄粉及克霉灵(50% 仲丁胺)熏蒸。硫黄粉用量为 5～10 克/立方米,将其与少量干锯末、刨花混匀放在干燥的砖头上点燃,立即关闭窖门,密闭 24 小时后充分通风;克霉灵用量为 5～10 毫升/立方米,将其淋在棉花、布条或吸水纸上,放在窖内不同位置,密闭棚室 24 小时即可。喷洒 2% 高锰酸钾水溶液或用多菌灵、甲基托布津等杀菌剂喷雾。进行窖内消毒时,贮藏中所用的架材、筐具等也应放在窖内一起消毒。

附录1 NY 5010—2002
无公害食品 蔬菜产地环境条件

前 言

本标准是对 2001 年 9 月 3 日发布的 NY5010-2001《无公害食品 蔬菜产地环境条件》的修订。本次修订删除了无公害蔬菜产地和环境的术语和定义,删除了环境空气质量要求中的二氧化氮指标、灌溉水质量要求中的氟化物指标、土壤环境质量要求中的铜指标,修改了环境空气质量要求中的二氧化硫、氟化物指标,灌溉水质量要求中的总镉、总铅、粪大肠菌群指标,土壤环境质量要求中的镉、汞、铅、砷指标的浓度(含量)限值与适用范围。

自本标准发布之日起,NY5010-2001《无公害食品 蔬菜产地环境条件》即行废止。

本标准由中华人民共和国农业部提出。

本标准修订单位:农业部环境质量监督检验测试中心(天津)。

本标准主要修订人:高怀友、刘凤枝、李玉浸、刘萧威、郑向群。

本标准所代替的历次版本发布情况为:NY5010 - 2001。

1 范 围

本标准规定了无公害蔬菜产地选择要求、环境空气质量要求、灌溉水质量要求、土壤环境质量要求、试验方法及采样方法。

本标准适用于无公害蔬菜产地。

2 规范性引用文件

下列文件中的条款通过本标准的引用而成为本标准的条款。凡是注日期的引用文件,其随后所有的修改单(不包括勘误的内容)或修订版均不适用于本标准,然而,鼓励根据本标准达成协议的各方研究是否可使用这些文件的最新版本。凡是不注日期的引用文件,其最新版本适用于本标准。

GB/ T 5750　生活饮用水标准检验方法

GB/ T 6920　水质　pH 值的测定　玻璃电极法

GB/ T 7467　水质　六价铬的测定　二苯碳酰二肼分光光度法

GB/ T 7468　水质　总汞的测定　冷原子吸收分光光度法

GB/ T 7475　水质　铜、锌、铅、镉的测定　原子吸收分光光度法

GB/ T 7485　水质　总砷的测定　二乙基二硫代氨基甲酸银分光光度法

GB/ T 7487　水质　氰化物的测定　第二部分 氰化物的测定

GB/ T 11914　水质　化学需氧量的测定　重铬酸盐法

GB/ T 15262　环境空气　二氧化硫的测定甲醛吸收－副玫瑰苯胺分光光度法

GB/ T 15264　环境空气　铅的测定　火焰原子吸收分光光度法

GB/ T 15432　环境空气　总悬浮颗粒物的测定　重量法

GB/ T 15434　环境空气　氟化物的测定　滤膜·氟离子选择电极法

GB/ T 16488　水质　石油类和动植物油的测定　红外光度法

GB/ T 17134　土壤质量　总砷的测定　二乙基二硫代氨基甲酸银分光光度法

GB/ T 17136　土壤质量　总汞的测定　冷原子吸收分光光度法

GB/ T 17137　土壤质量　总铬的测定　火焰原子吸收分光光度法

GB/ T 17141　土壤质量　铅、镉的测定　石墨炉原子吸收分

光光度法

NY/T 395　农田土壤环境质量监测技术规范

NY/T 396　农用水源环境质量监测技术规范

NY/T 397　农区环境空气质量监测技术规范

3　要　求

3.1　产地选择

无公害蔬菜产地应选择在生态条件良好,远离污染源,并具有可持续生产能力的农业生产区域。

3.2　产地环境空气质量

无公害蔬菜产地环境空气质量应符合表1的规定。

表1　环境空气质量要求

项　目	浓　度　限　值			
	日平均		1h平均	
总悬浮颗粒物(标准状态)(mg/m³) ≤	0.30		-	
二氧化硫(标准状态)(mg/m³) ≤	0.15ᵃ	0.25	0.50ᵃ	0.70
氟化物(标准状态)(μg/m³) ≤	1.5ᵇ	7	-	
注:日平均指任何1日的平均浓度;1h平均指任何一小时的平均浓度。				
a　菠菜、青菜、白菜、黄瓜、莴苣、南瓜、西葫芦的产地应满足此要求。				
b　甘蓝、菜豆的产地应满足此要求。				

3.3　产地灌溉水质量

无公害蔬菜产地灌溉水质应符合表2的规定。

表 2　灌溉水质量要求

项　　目		浓　度　限　值	
pH		5.5 ~ 8.5	
化学需氧量(mg/L)	≤	40[a]	150
总汞(mg/L)	≤	0.001	
总镉(mg/L)	≤	0.005[b]	0.01
总砷(mg/L)	≤	0.05	
总铅(mg/L)	≤	0.05[c]	0.10
铬(六价)(mg/L)	≤	0.10	
氰化物(mg/L)	≤	0.50	
石油类(mg/L)	≤	1.0	
粪大肠菌群(个/L)	≤	40 000[d]	

　　a　采用喷灌方式灌溉的菜地应满足此要求。

　　b　白菜、莴苣、茄子、蕹菜、芥菜、苋菜、芜菁、菠菜的产地应满足此要求。

　　c　萝卜、水芹的产地应满足此要求。

　　d　采用喷灌方式灌溉的菜地以及浇灌、沟灌方式灌溉的叶菜类菜地应满足此要求。

3.4　产地土壤环境质量

无公害蔬菜产地土壤环境质量应符合表 3 的规定。

表3 土壤环境质量要求 （单位：毫克/千克）

项 目	含 量 限 值					
	pH < 6.5		pH6.5 ~ 7.5		pH > 7.5	
镉 ≤	0.30		0.30		0.40[a]	0.60
汞 ≤	0.25[b]	0.30	0.30[b]	0.5	0.35[b]	1.0
砷 ≤	30[c]	40	25[c]	30	20[c]	25
铅 ≤	50[d]	250	50[d]	300	50[d]	350
铬 ≤	150		200		250	

注：本表所列含量限值适用于阳离子交换量 > 5cmol/kg 的土壤，若 ≤5cmol/kg，其标准值为表内数值的半数。

a 白菜、莴苣、茄子、蕹菜、芥菜、苋菜、芜菁、菠菜的产地应满足此要求。

b 菠菜、韭菜、胡萝卜、白菜、菜豆、青椒的产地应满足此要求。

c 菠菜、胡萝卜的产地应满足此要求。

d 萝卜、水芹的产地应满足此要求。

4 试验方法

4.1 环境空气质量指标

4.1.1 总悬浮颗粒物的测定按照 GB/ T 15432 执行。

4.1.2 二氧化硫的测定按照 GB/ T 15262 执行。

4.1.3 二氧化氮的测定按照 GB/ T 15435 执行。

4.1.4 氟化物的测定按照 GB/ T 15434 执行。

4.2 灌溉水质量指标

4.2.1 pH 值的测定按照 GB/ T 6920 执行。

4.2.2 化学需氧量的测定按照 GB/ T 11914 执行。

4.2.3 总汞的测定按照 GB/ T 7468 执行。

4.2.4 总砷的测定按照 GB/ T 7485 执行。

4.2.5 铅、镉的测定按照 GB/ T 7475 执行。

4.2.6 六价铬的测定按照 GB/ T 7467 执行。

4.2.7 氰化物的测定按照 GB/ T 7487 执行。

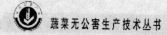

4.2.8　石油类的测定按照 GB/ T 16488 执行。

4.2.9　粪大肠菌群的测定按照 GB/ T 5750 执行。

4.3　土壤环境质量指标

4.3.1　铅、镉的测定按照 GB/ T 17141 执行。

4.3.2　汞的测定按照 GB/ T 17136 执行。

4.3.3　砷的测定按照 GB/ T 17134 执行。

4.3.4　铬的测定按照 GB/ T 17137 执行。

5　采样方法

5.1　环境空气质量监测的采样方法按照 NY/T 397 执行。

5.2　灌溉水质量监测的采样方法按照 NY/T 396 执行。

5.3　土壤环境质量监测的采样方法按照 NY/T 395 执行。

附录2　NY 5005—2001
无公害食品　茄果类蔬菜

1　范围

本标准规定了无公害食品茄果类蔬菜的定义、要求、试验方法、检验规则、标志、包装、运输和贮存。

本标准适用于无公害食品茄果类蔬菜番茄、茄子和青椒。

2　规范性引用文件

下列文件中的条款通过本标准的引用而成为本标准的条款。凡是注日期的引用文件,其随后所有的修改单(不包括勘误的内容)或修订版均不适用于本标准,然而,鼓励根据本标准达成协议的各方研究是否可使用这些文件的最新版本。凡是不注日期的引用文件,其最新版本适用于本标准。

GB/T 5009.11 食品中总砷的测定方法

GB/T 5009.12 食品中铅的测定方法

GB/T 5009.15 食品中镉的测定方法

GB/T 5009.17 食品中总汞的测定方法

GB/T 5009.18 食品中氟的测定方法

GB/T 5009.20 食品中有机磷农药残留量的测定方法

GB/T 5009.38 蔬菜、水果卫生标准分析方法

GB/T 8855 新鲜水果和蔬菜的取样方法

GB 14875 食品中辛硫磷农药残留量的测定方法

GB 14876 食品中甲胺磷和乙酰甲胺磷农药残留量的测定方法

GB 14877 食品中氨基甲酸酯类农药残留量的测定方法

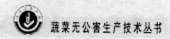

GB 14878 食品中百菌清残留量的测定方法

GB/T 14973 食品中粉锈宁残留量的测定方法

GB/T 15401 水果、蔬菜及其制品 亚硝酸盐和硝酸盐含量的测定

GB/T 17332 食品中有机氯和拟除虫菊酯类农药多种残留的测定

中华人民共和国农药管理条例

3 术语和定义

下列术语和定义适用于本标准。

3.1 同一品种 same variety

果实具有本品种形状、色泽、风味、大小等典型性状。

3.2 成熟度 maturity

果实成熟的程度。

3.3 果形 fruit shape

果实具有本品种固有的形状。

3.4 新鲜 freshness

果实有光泽,硬实,不萎蔫。

3.5 果面清洁 cleanness of fruit surface

果实表面不附有污物或其他外来物。

3.6 腐烂 decay

由于病原菌的侵染导致果实变质。

3.7 整齐度 uniformity

同一批果实大小相对一致的程度。用样品平均单果质量乘以(1±8%)表示。

3.8 异味 undesirable odor

因栽培或贮运环境的污染所造成的不良气味和滋味。

3.9 灼伤 heat injury

果实因受强光照射使果面温度过高而造成的伤害,果面出现褪色的水渍状斑。

3.10　冻害 freezing injury

果实在冰点或冰点以下的低温中发生组织冻结,无法缓解所造成的伤害。

3.11　病虫害 disease and pest injury

果实生长发育过程中由于病原菌和害虫的侵染而导致的伤害。

3.12　机械伤 mechanical wound

果实因挤压、碰撞等外力所造成的伤害。

4　要求

4.1　感官

无公害茄果类蔬菜的感官应符合表1的规定。

表1　无公害茄果类蔬菜感官要求

项　目	品　质	规　格	限　度
品　种	同一品种	规格用整齐度表示。同规格的样品其整齐度应≥90%	每批样品中不符合感官要求的,按质量计总不合格率不得超过5%
成熟度	果实已充分发育,种子已形成(番茄、辣椒);果实已充分发育,种子未完全形成(茄子)		
果　形	只允许有轻微的不规则,并不影响果实的外观		
新　鲜	果实有光泽、硬实,不萎蔫		
果面清洁	果实表面不附有污物或其他外来物		
腐　烂	无		
异　味	无		

续表1

项　目	品　　质	规　　格	限　　度
灼　伤	无	规格用整齐度表示。同规格的样品其整齐度应≥90%	每批样品中不符合感官要求的，按质量计总不合格率不得超过5%
裂　果	无(指番茄)		
冻　害	无		
病虫害	无		
机械伤	无		

注1：成熟度的要求不适用于2,4-D和番茄灵等化学处理坐果的番茄果实。
注2：腐烂、裂果、病虫害为主要缺陷。

4.2　卫生

卫生要求应符合表2的规定。

表2　无公害茄果类蔬菜卫生指标

序　号	项　　目	指　标,mg/kg
1	六六六(BHC)	≤0.2
2	滴滴涕(DDT)	≤0.1
3	乙酰甲胺磷(acephate)	≤0.2
4	杀螟硫磷(fenitrothion)	≤0.5
5	马拉硫磷(malathion)	不得检出
6	乐果(dimethoate)	≤1
7	敌敌畏(dichlorvos)	≤0.2
8	敌百虫(trichlorfon)	≤0.1
9	辛硫磷(phoxim)	≤0.05

续表2

序 号	项 目	指 标, mg/kg
10	喹硫磷(quinalphos)	≤0.2
11	溴氰菊酯(deltamethrin)	≤0.2
12	氰戊菊酯(fenvalerate)	≤0.2
13	氯氟氰菊酯(cyhalothrin)	≤0.5
14	氯菊酯(permethrin)	≤1
15	抗蚜威(pirimicarb)	≤1
16	多菌灵(carbendazim)	≤0.5
17	百菌清(chlorothalonil)	≤1
18	三唑酮(triadimefon)	≤0.2
19	砷(以 As 计)	≤0.5
20	铅(以 Pb 计)	≤0.2
21	汞(以 Hg 计)	≤0.01
22	镉(以 Cd 计)	≤0.05
23	氟(以 F 计)	≤0.5
24	亚硝酸盐	≤4

注1:粉锈宁通用名为三唑酮。

注2:出口产品按进口国的要求检测。

注3:根据《中华人民共和国农药管理条例》,剧毒和高毒农药不得在蔬菜生产中使用,不得检出。

5 试验方法

5.1 感官要求的检测

5.1.1 品种特征、成熟度、果形、新鲜、果面清洁、腐烂、灼伤、冻害、病虫害及机械伤害等,用目测法检测。

病虫害有明显症状或症状不明显而有怀疑者,应取样用小刀纵向解剖检验,如发现内部症状,则需扩大一倍样品数量。

5.1.2 整齐度的测定:用台秤称量每个样品的质量,按式(1)计算出平均质量($\bar{X}$):

$$\bar{X} = (X_1 + X_2 + \cdots\cdots + X_n)/n \quad\cdots\cdots\cdots\cdots\cdots (1)$$

式中:

$\bar{X}$ ——样品的平均质量,单位为克(g);

X_n——单个样品的质量,单位为克(g);

n ——所检样品的个数,单位为个。

5.2 卫生要求的检测

5.2.1 六六六、滴滴涕、溴氰菊酯、氰戊菊酯、氯菊酯、氯氟氰菊酯

按 GB/T 17332 规定执行。

5.2.2 乙酰甲胺磷

按 GB 14876 规定执行。

5.2.3 杀螟硫磷、乐果、马拉硫磷、敌敌畏、喹硫磷、敌百虫

按 GB/T 5009.20 规定执行。

5.2.4 辛硫磷

按 GB 14875 规定执行。

5.2.5 抗蚜威

按 GB 14877 规定执行。

5.2.6 百菌清

按 GB 14878 规定执行。

5.2.7 多菌灵

按 GB/T 5009.38 规定执行。

5.2.8 三唑酮

按 GB/T 14973 规定执行。

5.2.9　砷

按 GB/T 5009.11 规定执行。

5.2.10　铅

按 GB/T 5009.12 规定执行。

5.2.11　镉

按 GB/T 5009.15 规定执行。

5.2.12　汞

按 GB/T 5009.17 规定执行。

5.2.13　氟

按 GB/T 5009.18 规定执行。

5.2.14　亚硝酸盐

按 GB/T 15401 规定执行。

6　检验规则

6.1　检验分类

6.1.1　型式检验

型式检验是对产品进行全面考核,即对本标准规定的全部要求进行检验。有下列情形之一者应进行型式检验。

a)申请无公害食品标志或进行无公害食品年度抽查检验;

b)出口蔬菜、产品评优、国家质量监督机构或行业主管部门提出型式检验要求;

c)前后两次抽样检验结果差异较大;

d)因人为或自然因素使生产环境发生较大变化。

6.1.2　交收检验

每批产品交收前,生产单位都要进行交收检验。交收检验内容包括感官、标志和包装。检验合格后并附合格证方可交收。

6.2　组批检验

同产地、同规格、同时收购的茄果类蔬菜作为一个检验批次。批发市场同产地、同规格的茄果类蔬菜作为一个检验批次。农贸市场和超市相同进货渠道的茄果类蔬菜作为一个检验批次。

6.3 抽样方法

按照 GB/T 8855 中的有关规定执行。

报验单填写的项目应与实货相符,凡与实货不符,品种、规格混淆不清,包装容器严重损坏者,应由交货单位重新整理后再行抽样。

6.4 包装检验

应按第 8 章的规定进行。

6.5 判定规则

6.5.1 每批次受检样品抽样检验时,对不符合感官要求的样品做各项记录。如果一个样品同时出现多种缺陷,选择一种主要的缺陷,按一个残次品计算。不合格品的百分率按式(2)计算,计算结果精确到小数点后一位。

$$X = m_1/m_2 \quad \cdots\cdots\cdots\cdots\cdots\cdots\cdots\cdots \quad (2)$$

式中:

X ——单项不合格百分率,单位为百分率(%);

m_1——单项不合格品的质量,单位为克(g);

m_2——检验批次样本的总质量,单位为克(g)。

各单项不合格品百分率之和即为总不合格品百分率。

6.5.2 限度范围:每批次受检样品,不合格率按其所检单位(如每箱、每袋)的平均值计算,其值不得超过所规定限度。

如同一批次某件样品不合格品百分率超过规定的限度时,为避免不合格率变异幅度太大,规定如下:

规定限度总计不超过 5%者,则任一件包装不合格品百分率的上限不得超过 10%。

6.5.3 卫生指标有一项不合格,该批次产品为不合格。

6.5.4 复验:该批次样本标志、包装、净含量不合格者,允许生产单位进行整改后申请复验一次。感官和卫生指标检测不合格不进行复验。

7 标志

7.1 包装上应明确标明无公害食品标志。

7.2 每一包装上应标明产品名称、产品的标准编号、商标、生产单位(或企业)名称、详细地址、产地、规格、净含量和包装日期等,标志上的字迹应清晰、完整、准确。

8 包装、运输、贮存

8.1 包装

8.1.1 用于产品包装的容器如塑料箱、纸箱等应按产品的大小规格设计,同一规格应大小一致,整洁、干燥、牢固、透气、美观、无污染、无异味,内壁无尖突物,无虫蛀、腐烂、霉变等,纸箱无受潮、离层现象。塑料箱应符合相关标准的要求。

8.1.2 按产品的品种、规格分别包装,同一件包装内的产品需摆放整齐紧密。

8.1.3 每批次产品所用的包装、单位质量应一致,每件包装净含量不得超过 10kg,误差不超过 2%。

8.1.4 包装检验规则:逐件称量抽取的样品,每件的质量应一致,不得低于包装外标志的质量。根据整齐度计算的结果,确定所抽取样品的规格,并检查与包装外所示的规格是否一致。

8.2 运输

运输前应进行预冷。运输过程中注意防冻、防雨淋、防晒、通风散热。

8.3 贮存

8.3.1 贮存时应按品种、规格分别贮存。

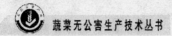

8.3.2　贮存条件:番茄应保持在6℃~10℃,空气相对湿度保持在90%;带果柄的辣椒应保持在8℃~10℃,空气相对湿度保持在85%~90%;茄子应保持在7℃~10℃,空气相对湿度保持在85%~90%。

8.3.3　库内堆码应保证气流均匀流通。

附录3　主要辣椒品种育成单位联系地址

中国农业大学园艺学院辣椒育种组

　北京市海淀区圆明园西路2号,邮编:100094

中国农业科学院蔬菜花卉研究所

　北京市海淀区中关村南大街12号,邮编:100081

北京农蕾蔬菜研究所

　北京市海淀区圆明园西路3号小楼二排9号,邮编:
100094

北京市海淀区植物组织培养技术实验室(海花公司)

　北京市992信箱 海花公司,邮编:100091

北京市蔬菜研究中心(北京市研益农种苗技术中心)

　北京2443信箱,邮编:100089

江苏省农业科学院蔬菜研究所

　江苏省南京市孝陵卫,邮编:210014

湖南省农业科学院蔬菜研究所

　长沙市芙蓉湖南区远大路,邮编:410125

南京市星光蔬菜研究所

　南京市岗子村60号,邮编:210042

洛阳市辣椒研究所

　河南省洛阳市桥南军民路口,邮编:471022

开封市辣椒研究所

　河南省开封市西环路中段10号,邮编:475000